柔性直流输电现场实用技术问答

主　编：陈鸿飞

副主编：罗　炜　邵　震　钟昆禹

参　编（排名不分先后）：

　　　　谢　超　罗远峰　杨洁民　熊银武　戴甲水

　　　　王立平　何振宁　李　宁　马虎涛　程　果

　　　　岑　韬　姬奎江　向权舟

机 械 工 业 出 版 社

本书以问答的形式，对柔性直流输电技术进行了全面的介绍，尤其是结合实际在建或者已建成的柔性直流输电工程，对于其中的技术难点、操作要点、设计重点进行了细致的分析。全书共 11 章，内容包括柔性直流输电技术概述、柔性直流输电换流阀的基本原理、柔性直流输电系统的研究与设计、柔直换流阀、联接变压器、直流场主设备、直流测量系统、柔性直流控制系统、柔性直流阀控系统、柔性直流单元保护系统，以及鲁西柔性直流单元的运行与维护。

本书可供从事柔性直流输电工程调试、运行、检修、设计、开发、应用的技术人员和电力系统科研、规划、设计、运行的工程师学习，也可作为高等院校、科研单位及相关制造厂商的参考资料。

图书在版编目（CIP）数据

柔性直流输电现场实用技术问答／陈鸿飞主编 .—北京：机械工业出版社，2020.9
ISBN 978-7-111-66518-2

Ⅰ . ①柔… Ⅱ . ①陈… Ⅲ . ①直流输电–实用技术–问题解答 Ⅳ . ①TM721. 1 – 44

中国版本图书馆 CIP 数据核字（2020）第 172391 号

机械工业出版社（北京市百万庄大街 22 号 邮政编码 100037）
策划编辑：任 鑫 责任编辑：任 鑫
责任校对：梁 静 封面设计：马精明
责任印制：李 昂
北京机工印刷厂印刷
2020 年 9 月第 1 版第 1 次印刷
169mm×239mm · 13.5 印张 · 277 千字
标准书号：ISBN 978-7-111-66518-2
定价：69.00 元

电话服务 网络服务
客服电话：010-88361066 机 工 官 网：www.cmpbook.com
010-88379833 机 工 官 博：weibo.com/cmp1952
010-68326294 金 书 网：www.golden-book.com
封底无防伪标均为盗版 机工教育服务网：www.cmpedu.com

前　　言

　　柔性直流输电技术是基于可关断器件——电压源换流器的高压直流输电技术，换流器具有自换相能力，能够独立调节有功功率和无功功率，且可控性和灵活性强，被誉为新一代的直流输电技术。柔性直流输电技术具有无功补偿、没有换相失败问题、可以为无源系统供电、谐波水平低、适合构成多端直流系统、占地面积小、可实现黑起动等明显优势。

　　由于其本身具有的技术特点，柔性直流输电系统作为构建智能电网的重要部分，主要应用领域是异步电网互联、通过架空线或电缆远距离输电、无源系统或弱系统并网、可用空间小的输电场合等。

　　为提高换流站运检人员的技能水平，保证柔性直流输电现场安全稳定运行，特组织编写了本书。

　　本书以中国南方电网公司超高压输电公司天生桥局柔性直流输电系统调度运行管理规定，换流站现场运行规程为依据编写。本书由中国南方电网公司超高压输电公司天生桥局组织编写。全书由陈鸿飞、罗炜、邵震、钟昆禹统稿，其中第一章柔性直流输电技术概述主要由王立平、罗远峰编写；第二章柔性直流输电换流阀的基本原理主要由杨洁民、谢超编写；第三章柔性直流输电系统的研究与设计主要由王立平、戴甲水编写；第四章柔直换流阀主要由李宁、何振宁编写；第五章联接变压器主要由马虎涛编写；第六章直流场主设备主要由钟昆禹、马虎涛、杨洁民、李宁编写；第七章直流测量系统主要由熊银武、岑韬编写；第八章柔性直流控制系统主要由姬奎江、钟昆禹编写；第九章柔性直流阀控系统主要由熊银武编写；第十章柔性直流单元保护系统主要由程果编写；第十一章鲁西柔性直流单元的运行与维护主要由向权舟编写。

　　本书在编写和出版过程中得到了中国南方电网公司超高压输电公司天生桥局的大力支持和帮助，特在此深表感谢。由于我们的水平和经验有限，书中难免有缺点或错误之处，望广大读者批评指正。

编者

2020 年 8 月

目　　录

第一章 ◐ 柔性直流输电技术概述

第一节　柔性直流输电技术发展概况

◐ 1. 直流输电技术发展历史是怎样的？

　　高压直流输电（HVDC）技术始于 20 世纪 20 年代，到目前为止，经历了 3 次技术上的革新，其主要推动力是组成换流器的基本元件发生了革命性的重大突破。自 1954 年第一个商业性直流输电系统投入运行以来，高压直流输电（HVDC）在远距离大功率输电、海底电缆送电、不同额定频率或相同额定频率交流系统之间的非同步联网等场合得到了广泛应用。

　　1954 年世界上第一个直流输电工程（瑞典本土至 Gotland 岛的 20MW、100kV 海底直流电缆输电）投入商业化运行，标志着第一代直流输电技术的诞生。第一代直流输电技术采用的换流元件是汞弧阀，所使用的换流器拓扑是 6 脉动三相全波整流桥（又被称为 Graetz 桥，主要应用年代是 20 世纪 70 年代以前）。

　　20 世纪 70 年代初，晶闸管阀开始应用于直流输电系统，这标志着第二代直流输电技术的诞生。第二代直流输电技术采用晶闸管，拓扑仍然是 6 脉动桥，其换流理论与第一代直流输电技术相同，其应用年代是 20 世纪 70 年代初至今。上述两代直流输电技术又被称为电网换相换流器（Line Commutated Current Source Converter，LCC-HVDC）。

　　1990 年，基于电压源换流器的直流输电概念首先由加拿大 McGill 大学的 Boon-Teck Ooi 等人提出。在此基础上，ABB 公司于 1997 年 3 月在瑞典中部的 Hellsjon 和 Grangesberg 之间进行了首次工业性试验（3MW，±10kV），这标志着第三代直流输电技术的诞生。这种以可关断器件和脉冲宽度调制（PWM）技术为基础的第三代直流输电技术，国际权威学术组织国际大电网会议（CIGRE）、美国电气与电子工程师学会（IEEE）将其正式命名为 "VSC-HVDC"，即电压源换流器型直流输电。2006 年 5 月，由中国电力科学研究院组织国内权威专家在北京召开 "轻型直流输电系统关键技术研究框架研讨会"，与会专家一致建议国内将基于电压源换流器技术的直流输电统一命名为 "柔性直流输电"。

2. 什么是柔性直流输电技术？

柔性直流输电技术又称为基于可关断器件——电压源换流器（Voltage Source Converter，VSC）的高压直流输电技术（VSC-HVDC），其换流器具有自换相能力，能够独立调节有功功率和无功功率，可控性和灵活性强。柔性直流输电技术采用的换流元件是既可以控制导通又可以控制关断的全控型电力电子器件，其典型代表是绝缘栅双极型晶体管（IGBT）。

3. 柔性直流输电技术经历了哪些发展阶段？

柔性直流输电技术（VSC-HVDC）的原理完全不同于 LCC 的电网换相换流理论，到目前为止可以划分成两个发展阶段：第一个发展阶段是 1990—2010 年，这一阶段柔性直流输电技术基本上由 ABB 公司垄断，采用的换流器是二电平或三电平电压源换流器（VSC），其基本理论是脉冲宽度调制（PWM）理论；第二个发展阶段是 2010 年至今，其标志是 2010 年 11 月在美国旧金山投运的 Trans Bay Cable 柔性直流输电工程，该工程由西门子公司承建，采用的换流器是模块化多电平换流器（MMC），MMC 的调制原理为阶梯波逼近。

4. 柔性直流输电技术的应用领域有哪些？

随着能源紧缺和环境污染等问题的日益严峻，风能、太能阳等可再生能源利用规模不断扩大，但是这些新能源具有分散性、小型化、远离负荷中心等特点，此时采用交流输电或常规直流输电技术联网的经济性较差；另外，城市用电负荷快速增加，需要不断扩充电网容量，但鉴于城市发展及合理规划要求，需要利用有限的线路走廊输送更多的电能；同时，部分负荷中心经过多年的发展，已形成多回常规直流馈入，一旦多回直流同时发生换相失败将可能导致主网架失稳。而柔性直流输电能较好地解决上述问题，且具有绿色环保、控制灵活、适用场合广的突出优点，主要应用领域是异步电网互联、通过架空线或电缆远距离输电、无源系统或弱系统并网、可用空间小的输电场合等。

5. 柔性直流输电技术的发展方向有哪些？

柔性直流输电技术已从二电平发展到了多电平，目前多电平已成为主流。柔性直流输电技术后续发展趋势：一是换流器拓扑多样化，从半桥拓扑到全桥拓扑、钳位型拓扑，特别是具备直流侧故障阻断能力的拓扑的出现，使柔性直流输电远距离架空线应用成为可能；二是电压容量增长快，在建工程电压等级到达 800kV，容量为 5000MW；三是向网络化和多端化发展，国内外都已建设了多端柔性直流输电工程，适应新能源接入和城市供电发展需要。

6. 柔性直流输电技术的未来应用有哪些？

在未来的发展中，柔性直流输电技术应用方向主要在以下几个方面：一是分布式能源并网，提高电能质量和系统稳定性；二是大型城市柔性直流供电，提高城市供电的可靠性；三是交流电网背靠背工程，动态调节系统有功功率和无功功率；四是孤岛系统供电，方便多余电能反馈系统；五是海上风电并网，提高系统建设经济性；六是实现远距离大容量输电。

第二节 柔性直流输电的特点

7. 常规直流输电技术存在哪些不足？

基于电网换相的直流输电技术存在一些缺陷，主要表现在以下几个方面：一是由于开通滞后角 α（一般为 $10° \sim 15°$）和熄弧角 γ（一般为 $15°$ 或更大一些）的存在及波形的非正弦性，传统的直流输电要吸收大量的无功功率，其数值为输送直流功率的 $40\% \sim 60\%$，因此需要大量的无功功率补偿及滤波设备，并造成在甩负荷时出现无功功率过剩，从而导致过电压。二是传统的直流输电需要交流电网提供换相电流，这个电流实际上是相间短路电流。为了保证换相的可靠性，受端交流系统必须具有足够的容量，即必须具有足够的短路比（Short Circuit Ratio），当受端电网比较弱时便容易发生换相失败。三是因为传统的直流输电需要交流电网提供换相电流，要求受端系统必须是有源网络，因此传统的直流输电不能向无源网络（如孤立负荷）输送电能。四是传统的直流输电仅在远距离、大容量的功率传输场合才有经济上的优势。

8. 柔性直流输电最显著的技术特点是什么？

柔性直流输电与常规直流输电相比，其根本性优势是多了一个控制自由度。常规直流输电采用晶闸管等器件，只能控制导通不能控制关断，且只有一个触发角的控制自由度，只能控制直流电压的幅值。柔性直流输电所用的器件既可以控制开通，也可以控制关断，有两个控制自由度，可控制输出电压的幅值和相位。通过调节换流器出口电压的幅值和与系统电压之间的功角差，可以独立地控制输出的有功功率和无功功率。通过对两端换流站的控制，可以实现两个交流网络之间有功功率的相互传送，同时两端换流站还可以独立调节各自所吸收或发出的无功功率，从而对所联结的交流系统给予无功功率支撑。

9. 柔性直流输电技术与常规直流输电技术的最根本区别是什么？

两者最根本的区别在于换流站的差异，包括换流器中使用的器件以及换流阀控制技术。柔性直流输电技术一般采用 IGBT，由于其可以根据门极的控制脉冲来控制器件的开通和关断，不需要换相电流的参与，所以其构成的换流器具备四象限运行能力。常规直流输电通常使用晶闸管，由于其是非全控型器件，只能控制换流阀的开通不能控制其关断，其关断必须借助于交流母线电压的过零，使阀电流减小至阀的维持电流以下，因此不能接入无源系统；此外，对交流系统较为敏感，在弱系统中容易发生持续换相失败；而且无功功率消耗大，谐波含量高，需要增加滤波器来提供无功功率和消除谐波。

其次，柔性直流输电系统在潮流反转时只需改变电流方向，无须改变控制策略、闭锁换流器及投切交流滤波器。常规直流输电必须改变电压极性，因此需要改变送受端的控制策略。

⏩ **10. 柔性直流输电与常规直流输电相比有哪些优点？**

柔性直流换流阀（以下简称柔直换流阀）与常规直流相比有以下优点：

1）柔性直流不需要像常规直流一样借助电网电压进行换相，不存在换相失败的风险，对交流系统依赖性低，并具备黑起动功能。

2）有功和无功可独立控制，功率控制速度快，直流频率限制控制（Frequency Limitation Control，FLC），即根据送受端电网电压频率变化控制传输功率的功能更强，可作为 STATCOM 运行，为系统提供无功功率支撑。

3）柔性直流输电单元输出到交流侧谐波小，不需要配置交流滤波器，不用专门的换流变压器，占地小。

4）可实现在线快速功率反转，柔性直流在直流电压不变的前提下，仅需改变直流电流方向即可在线快速完成功率反转，提供了更灵活的控制手段。

⏩ **11. 柔性直流输电与常规直流输电相比有哪些劣势？**

柔性直流输电技术（以下简称柔直）目前的劣势在于：损耗较大、设备成本较高、容量相对较小、不能控制直流侧故障时的故障电流、不太适合长距离架空线路输电、系统稳定性和可靠性有待工程验证等。

不过，随着昆柳龙直流工程的建设，柔直在 ±800kV，8000MW，1489km 送电距离中得到了应用，柔直的技术劣势正在逐步被技术创新所突破。不过柔直换流阀容量的扩大是依靠功率模块的增加来实现的，单个功率模块的电压容量仍较小，几乎没有过负荷能力。

目前南澳三端柔直工程已试点安装直流断路器，而昆柳龙直流工程采用全桥与半桥混合拓扑，两种技术路线均能切除直流侧故障，为远距离输电扫除技术障碍。在损耗方面，阀控厂商不断优化阀控策略，柔直换流阀损耗有望降低至与常规质量相当水平。随着柔直技术的普及与 IGBT 的国产化（中车 IGBT 已在昆柳龙直流工程中试用），柔直换流阀的造价有望逐步降低。

12. 什么是常规直流输电与柔性直流输电混合技术？

常规直流输电系统对接入电网的短路容量有一定的要求，而且需要大量的无功功率补偿设备。随着越来越多的直流输电系统接入电网，基于晶闸管换相的常规直流输电技术固有的缺点（如换相失败、多直流馈入同一交流电网造成相互影响等问题）将越来越显著。因此，将常规直流输电和柔性直流输电以并联或串联的方式进行组合构成混合直流输电系统，可以提高系统的动态响应能力，避免受端换相失败，降低受端交流电网电压失稳的风险。

第三节　柔性直流输电系统的构成

13. 柔性直流输电系统的构成是怎样的？

图 1-1 所示为典型的柔性直流输电系统结构图，两端柔性直流输电系统可以看作是两个独立的电压源换流器（VSC）通过直流线路连接的合成系统。交流系统通过联接变压器与换流器相连接，这样就可以在交直流互联系统间进行有功功率和无功功率的传输。

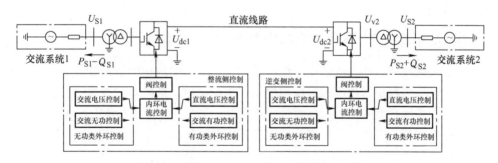

图 1-1　两端 VSC-HVDC 输电系统结构示意图

14. 柔性直流输电系统的主接线方式有哪些？

柔性直流输电系统主接线方式主要有两种：对称单极接线和双极接线。通常电压等级较低、传输功率较小的应用可采用对称单极接线；电压等级较高、传输功率较大的工程可采用双极接线。在双极接线的换流站额定功率较大的情况下，为避免变压器容量的限制，可采用柔直换流器并联或者柔直换流器串联的方式将传输功率分配给两组或多组变压器。

根据送受端站点的数量，柔直工程一般又分为两端直流和多端直流。两端系统又可分为带直流线路的两端系统和不带直流线路的背靠背系统。国内已建成鲁西背靠背直流工程、渝鄂直流背靠背联网工程，正在建设大湾区中通道柔直背靠背工程、南通道柔直背靠背工程，这些均为典型的两端柔直背靠背工程。而南澳±160kV多端柔直示范工程、舟山五端柔直工程等为典型的多端柔直系统。

▶ 15. 柔性直流换流站主要有哪些设备区域？

柔性直流换流站设备区域主要划分为：阀厅及控制楼区域、直流开关场区域、柔直变压器（联接变压器）区域、起动回路区域、交流开关场区域。

▶ 16. 鲁西背靠背柔性直流输电单元主要包括哪些设备？

鲁西背靠背柔性直流输电单元的设备主要包括：电压源换流阀、联接变压器、交流开关设备、直流开关场（是否改为"起动回路"）设备、测量系统、控制与保护系统等。根据不同工程的需要，可能还会配置直流线路、交/直流滤波器、平波电抗器、直流断路器、共模抑制电抗器等。

▶ 17. 柔性直流输电工程一般采用什么类型的输电线路？

柔性直流输电工程的输电线路基本采用电缆输电，其主要原因是柔性直流输电技术还不能有效地控制直流侧的故障电流，当直流侧发生故障时，必须断开交流侧电源，从而造成输电中断。因此，较优的方法是使用直流电缆来提高系统的可靠性和可用率。

▶ 18. 基于架空线路的柔性直流输电系统的应用前景是怎样的？

基于架空线的柔性直流输电系统在我国有很广阔的应用前景和发展潜力，主要是因为我国依然存在远距离大容量输电的需求，同时，针对远距离大容量输电，基于架空线的高压直流输电系统综合性价比更好，并且可以改善传统直流输电技术的多直流馈入问题。因此，柔性直流输电技术的经济性已具备高电压大容量远距离输电的潜质。

▶ 19. 什么是背靠背直流输电系统？

背靠背直流输电系统主要应用于两个非同步运行的交流系统之间的联网或送电。如果两个电网的频率不同，也可称为变频站。背靠背直流系统的整流和逆变装置通常装在一个站内。鲁西换流站就是一个典型的背靠背直流输电系统。

第四节　柔性直流输电工程

▶ 20. 全球已投运的和正在建设的柔性直流输电工程有哪些？

截至 2020 年年底，全球已投运的柔性直流输电工程共计 33 回，规划、在建和已投运的柔性直流输电工程达 40 回以上。我国于 2011 年投运了南汇风电和中海油文昌两个柔直工程，2013 年投运了南澳工程，2014 年投运了舟山工程，2016 年投运了厦门工程、云南电网与南网主网异步联网工程，2018 年投运了渝鄂联网工程。目前正在建设昆柳龙混合多端直流工程、张北四端柔直工程等。

21. 鲁西背靠背直流异步联网工程的概况是怎样的？

鲁西背靠背直流异步联网工程的建设地点位于云南省曲靖市罗平县，是目前世界上首次采用大容量柔直与常规直流组合模式的背靠背直流工程，柔性直流单元容量达 1000MW，无论电压等级还是建设规模，与同类工程相比均为世界第一。工程整体规模为 3000MW，于 2015 年 3 月正式开工，2017 年全面建成投用，总体投资约 30 亿元。

22. 柔性直流技术用于背靠背工程的优点有哪些？

柔性直流技术潮流反转方便快捷，可以独立调节有功功率和无功功率，事故后可快速恢复供电和黑起动，可以向无源电网供电，受端系统可以是无源网络。

23. 鲁西背靠背直流输电工程的基本情况和意义是什么？

随着云南水电的大量开发，南方电网加快了西电东送实施的步伐，东西交流电网送电距离越来越远，交直流混合运行电网结构日趋复杂，发生多回直流同时闭锁或相继闭锁故障的风险加大，对南方电网整体安全稳定运行造成了威胁。鲁西背靠背直流工程建成后，云南侧将有四回 500kV 的交流线路接入鲁西换流站，通过三回 500kV 的出线接入南方电网主网，将云南电网主网与南方电网主网异步联网，从而有效地化解交直流功率转移引起的电网安全问题，简化复杂故障下的电网安全稳定策略，避免大面积停电风险，大幅度提高南方电网的安全供电可靠性。

24. 鲁西背靠背直流工程为我国带来哪些技术进步？

鲁西背靠背直流工程建成时是当时世界上电压等级最高、输电容量最大的柔性直流输电工程。工程创造了多个世界第一，除了在世界上第一次采用了常规和柔性直流单元的并联运行模式之外，三绕组换流变压器、柔直换流阀及阀控、单相双绕组联接变压器以及直流控制保护等换流站直流主设备均属国内首次研制。柔性直流单元额定容量为 1000MW、直流电压为 ±350kV，电压和容量都是当时世界上的最高水平，综合自主化率达到 100%。

25. 昆柳龙混合多端直流工程的概况是怎样的？

昆柳龙混合多端直流工程是国家"十三五"规划明确的跨省区输电重点示范工程。工程西起云南昆明，落点分别为广西柳州、广东惠州，采用 ±800kV 三端混合直流技术，送电规模达 800 万 kW，直流线路全长为 1489km，计划于 2020 年投产送电，2021 年全部建成投产。

工程建成后，每年可送电 320 亿千瓦时，相当于减少燃煤消耗 920 万吨，减排二氧化碳 2450 万吨。其中，送端昆北换流站为常规直流，电压等级为 ±800kV，输送功率为 8000MW；受端广西侧柳北换流站为柔性直流，电压等级为 ±800kV，输送功率为 3000MW；受端广东侧龙门换流站为柔性直流，电压等级为 ±800kV，输送功率为 5000MW。

26. 昆柳龙混合多端直流工程的创新点有哪些？

昆柳龙混合多端直流工程集目前最复杂、最前沿的电网技术于一体，工程建设也创造了多项世界第一：世界上容量最大的特高压多端直流输电工程、世界上首个特高压多端混合直流工程、世界上首个特高压柔性直流换流站工程、世界上首个具备架空线路直流故障自清除能力的柔性直流输电工程。在系统级以外，柔性直流技术的创新点包括：首次将柔性直流技术应用推高至 ±800kV 特高压的水平；首次采用了高低阀的配置；首次采用了含有全桥的桥臂混合拓扑，直线直流侧故障自清除技术；首次采用目前世界上最高规格的 4500V/3000A 等级的 IGBT 器件，容量达到 5000MW。

27. 张北四端柔直工程的概况是怎样的？

张北四端柔直工程是世界上率先研究直流电网技术，汇集和输送大规模风电、光伏、储能、抽蓄等多种形态能源的柔性直流电网，首次建设四端柔性直流环形电网，工程系统电压为 ±500kV，单换流器额定容量为 150 万 kW，建设 666km、±500kV 的直流输电线路，共有张北、康保、丰宁和北京 4 座换流站。张北四端柔直工程是世界上首个具有网络特性的直流电网示范工程，是世界上电压等级最高、输送容量最大的柔性直流输电工程，也是世界上首个应用柔性直流技术进行陆地可再生能源大规模并网的示范工程，其创新引领和科技示范的意义重大。

第二章 ◑ 柔性直流输电换流阀的基本原理

第一节 电压源换流器的基本拓扑

◑ 28. 什么是电压源换流器（VSC）？

电压源换流器（Voltage Source Converter，VSC）是指由可关断半导体器件实现换流功能，储能元件为电容器的换流器，是柔性直流输电系统的核心部件，是影响整个换流系统性能、运行方式、设备成本及运行损耗的关键因素，是基于全控型功率半导体器件的电力电子装置。

◑ 29. 电压源换流器的拓扑有哪些？

电压源换流器拓扑主要有两电平换流器、三电平换流器及模块化多电平换流器。两电平、三电平换流器是分别向交流侧输出相电压波形电平数为 2 和 3 的电压源换流器；模块化多电平换流器（MMC）是指由一定数量的独立单相电压源换流器串联组成的多电平换流器，输出电平数大于 3 个。

◑ 30. 两电平电压源换流器的基本结构是怎样的？

两电平电压源换流器的拓扑简单，如图 2-1 所示，有 6 个桥臂，每个桥臂由多个 IGBT 和与之反向并联的二极管串联组成，其串联的个数由工程额定功率、电压等级及 IGBT 通流能力和耐压强度决定。相对于接地点，每相可输出 $\pm U_{dc/2}$ 两个电平，通过 PWM 来逼近正弦波。

◑ 31. 三电平电压源换流阀的基本结构是怎样的？

三电平电压源换流阀又被称为二极管钳位型三电平结构。与两电平结构相比，三电平结构是在主桥臂与地电位之间增加了二极管进行钳位。三相的脉宽调制载波由正侧三角波和负侧三角波两个三角波共同组成，每相输出有 $\pm U_{dc}/2$ 和 0 共 3 个电平，如图 2-2 所示。与两电平换流器一样，其通过 PWM 来逼近正弦波。

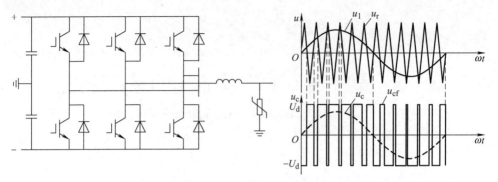

图 2-1   两电平电压源换流器的拓扑及输出波形图

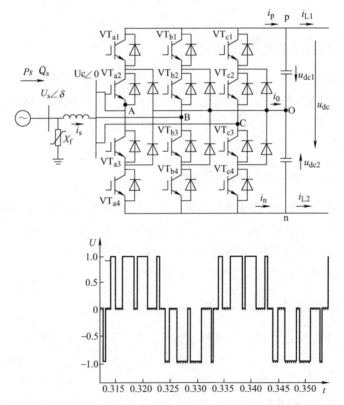

图 2-2   三电平电压源换流阀的拓扑及输出波形图

32. 两电平和三电平换流器的缺陷与不足有哪些?

两电平和三电平换流器主要有以下缺陷与不足:

1)交流侧输出波形质量较差,谐波问题严重,需要采用脉宽调制技术来改善波形质量,并需要在交流侧装设一定容量的滤波器。

2)开关器件的开关频率较大,会产生较大的损耗和高频噪声。

3）需要直接串联大量的开关器件，对开关器件触发一致性以及动态均压有较高的要求。上述三个缺陷严重阻碍了两电平和三电平拓扑在高压直流输电场景的进一步应用。到目前为止，几乎所有的两电平或者三电平拓扑的高压直流输电工程都由 ABB 公司承建。

33. 模块化多电平换流器拓扑的基本结构是怎样的?

模块化多电平换流器（MMC）是指每一个阀由一定数量的独立单相电压源换流器串联组成的多电平换流器，采用了子模块级联，通过控制单个子模块的输出电压和电流，以阶梯波的方式来逼近正弦波，其输出波形如图 2-3 所示。子模块分为半桥功率模块和全桥功率模块。

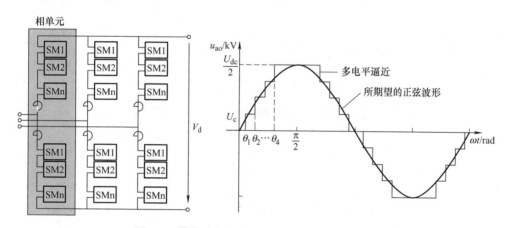

图 2-3　模块化多电平换流器拓扑及输出波形图

34. 模块化多电平拓扑的优势有哪些?

与两电平和三电平拓扑相比，MMC 具有以下几个优势：

1）采用模块化设计，开关器件动态均压以及触发一致性要求较低，运行维护较为方便。

2）可扩展性好，理论上通过增加级联子模块数量就可以提高电压等级。

3）损耗低，已经接近传统直流输电的水平（约等于 1%）。

4）输出波形谐波含量低，不需要装设滤波装置。

第二节　模块化多电平换流器

35. 模块化多电平换流器主要有哪些子模块?

目前常见的模块化多电平换流器（MMC）子模块结构主要包括半桥型子模块、

全桥型子模块、钳位型双子模块。后文若未作说明，以后出现的 MMC 均指半桥型子模块构成的 MMC。

36. 半桥型子模块的拓扑是怎样的？

半桥型子模块的拓扑如图 2-4 所示。其中，T_1、T_2 为 IGBT，VD_1、VD_2 为反向并联二极管；C 为子模块直流侧电容，用于支撑 MMC 直流母线电压、抑制电压波动；U_c 为子模块电容额定电压，U_{sm} 为子模块输出电压。

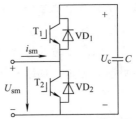

图 2-4 半桥型子模块拓扑图

37. 全桥型子模块的拓扑是怎样的？

全桥型子模块的拓扑如图 2-5 所示。其由 4 个 IGBT、4 个反向并联二极管以及 1 个电容器组成。通过控制 IGBT 的导通与关断，可以输出 0、$\pm U_c$ 三个电平。

38. 钳位型双子模块的拓扑是怎样的？

钳位型双子模块的拓扑如图 2-6 所示。其由两个半桥单元经两个钳位二极管 VD_6、VD_7 和一个带续流二极管 VD_5 引导的 IGBT（即 T_5）串并联构成。其中，C 为子模块直流侧电容，U_c 为子模块电容额定电压，U_{sm} 为子模块输出电压。

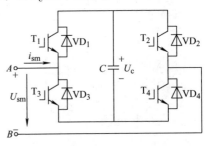

图 2-5 全桥型子模块拓扑图

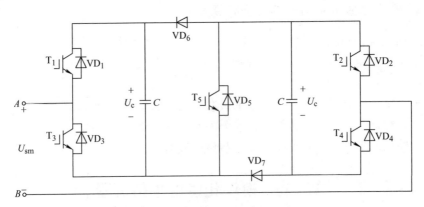

图 2-6 钳位型双子模块拓扑图

39. MMC 三种主要拓扑有哪些不同点?

将上述三种子模块结构进行对比可以看出，半桥型所用元器件最少、损耗最小，但不具备清除直流侧故障电流的能力。全桥型具有直流电流闭锁能力，但在正常工作时并不需要其负极性的电压，使得全桥型需要双倍的半导体器件，并产生双倍的运行损耗，经济效益较差；钳位型较半桥型增加的损耗较小，且具备直流侧故障电流闭锁能力，是解决直流侧故障电流的一种有效的方案。

40. 半桥型子模块有哪几种工作模式?

正常工作状态下，单个半桥功率模块可以输出 0 或电容电压，共有三种工作状态，分别为闭锁、全电压、零电压。根据功率模块中上下 IGBT 的开关状态和电流方向，可以分为 6 种工作模式，如图 2-7 所示。

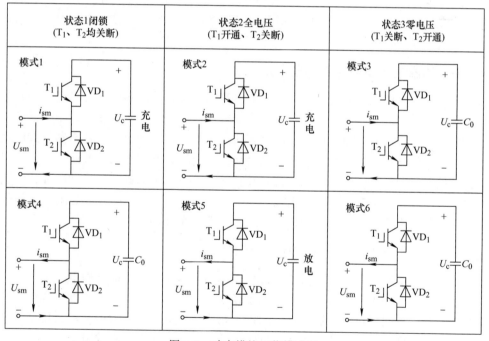

图 2-7　功率模块工作模式图

当 T_1 和 T_2 都加关断信号时，称为工作状态 1，此时 T_1 和 T_2 都处于关断状态。工作状态 1 存在两种工作模式，分别为模式 1 和模式 4，取决于反向并联二极管 VD_1 和 VD_2 中哪一个导通。对应于模式 1，VD_1 导通，电流经过 VD_1 向电容器充电；对应于模式 4，VD_2 导通，电流经过 VD_2 将电容器旁路。此种工作状态为非正常工作状态，用于 MMC 起动时向功率模块电容器充电，或者在故障时将子模块电容器旁路。

当 T_1 加开通信号而 T_2 加关断信号时，称为工作状态 2。此时 T_2 因加关断信号而处于关断状态，VD_2 因承受反向电压也处于关断状态。工作状态 2 同样存在两种工作模式，分别为模式 2 和模式 5，取决于功率模块电流的方向。对应于模式 2，此时 VD_1 处于导通状态，而 T_1 承受反向电压，尽管施加了开通信号，仍然处于关断状态，电流经过 VD_1 向电容器充电。对应于模式 5，此时 T_1 处于导通状态，而 VD_1 承受反向电压而处于关断状态，电流经过 T_1 使电容器放电。当功率模块处于工作状态 2 时，直流侧电容器总被接入主电路中（充电或放电），子模块输出电压为电容器电压 U_c。

当 T_1 加关断信号而 T_2 加开通信号时，称为工作状态 3，此时 T_1 因加关断信号而处于关断状态，VD_1 因承受反向电压也处于关断状态。工作状态 3 仍然存在两种工作模式，分别为模式 3 和模式 6，取决于功率模块电流的方向。对应于模式 3，此时 T_2 处于导通状态，而 VD_2 承受反向电压，电流经过 T_2 将电容器旁路。对应于模式 6，此时 VD_2 处于导通状态，而 T_2 尽管施加了开通信号，仍然处于关断状态，电流经过 VD_2 将电容器旁路。当功率模块处于工作状态 3 时，功率模块输出电压为零，即功率模块被旁路出主电路。通过控制子模块按正弦规律依次投入与切除，可以构成正弦电压阶梯波。

41. 半桥型子模块存在哪些不足？

半桥型子模块的功率器件和与之反向并联的二极管共同构成开关单元，当直流侧故障时，故障电流存在两个通路：一是电容放电通路，在故障发生且功率器件没有完全闭锁时，电容会通过功率器件直接向故障点放电，导致流经功率器件的电流迅速上升，危害功率器件的安全；二是交流系统馈能通路，在闭锁换流器后，交流系统经过换流器桥臂中的续流二极管以及直流故障点仍可构成能量流动路径，无法通过功率器件完全阻断电流，导致交流系统向短路点提供直流短路电流，无法熄弧，必须断开交流侧断路器才能切除故障，会造成系统彻底停运。

42. 全桥型子模块拓扑是如何提出的？

德国慕尼黑联邦国防军大学的 Rainer Marquardt 在 2001 年最早提出的模块化多电平换流器拓扑采用的子模块是半桥型子模块，但基于半桥型子模块的 MMC 在直流侧故障时并不能通过换流器本身的闭锁来切断故障电流，此时可采用全桥型子模块来替换半桥型子模块，从而达到通过闭锁子模块来清除直流侧故障的目的。

43. 全桥型子模块的运行状态是怎样的？

全桥型子模块有四种运行状态，分别为正投入状态、负投入状态、旁路状态和闭锁状态。全桥型子模块的负投入状态被用于实现直流电压降压运行，闭锁状态被用于直流故障的清除和系统的起动。

44. 全桥型子功率模块的控制特点有哪些？

相比于南澳和鲁西直流工程中的半桥型子模块，全桥型子模块能够输出 1、0、

−1 三种电平。全桥 MMC 换流阀中，直流侧电压 U_{dc} 与功率模块的平均电压 U_c 之间的关系式为：$U_{dc} = knU_c$（$0 \leq k \leq 1$）。直流侧电压和功率模块电压不存在直接耦合关系，相当于在半桥 MMC 换流阀的基础上增加了一个控制自由度。

45. 全桥型子模块处于闭锁状态的特性有哪些？

在全桥型子模块全部闭锁后，子模块电流的流通路径如图 2-8 所示，直流侧短路电流通过 VD$_3$ 到 C_0 再到 VD$_2$ 流通，故障电流对子模块电容进行充电。全桥型子模块全部闭锁后，交流侧不再有电流流入 MMC，交流侧处于开路状态。子模块流过的电流包括两个分量：一个是电感元件电流不能突变产生的续流，其方向是向子模块电容充电；另一个是子模块电容的放电电流，其方向与故障电流流动方向相反。两个分量叠加即可使故障电流迅速下降到零。由于二极管的单向导通特性，故障电流下降到零后不会向负的方向发展，将保持零值不变。

46. 什么是混合型 MMC？

采用全桥型子模块的 MMC 具有直流故障自清除特性。与相同容量和电压等级的采用半桥型子模块的 MMC 相比，全桥 MMC 使用的电力电子器件的数量是其两倍，使其成本增加，运行损耗增加。因此提出了一种混合型 MMC，其特点是在保留直流故障自清除能力的同时减少了所需电力电子器件的数量，降低了运行损耗，较适用于工程应用。

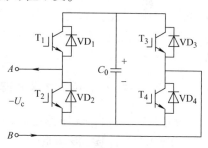

图 2-8　全桥型子模块闭锁后的
电流流通路径图

47. 混合型 MMC 实现直流故障处理的条件有哪些？

混合型 MMC 在发生直流故障时能够通过闭锁实现故障处理的条件主要有以下两个：
1）交流侧向 MMC 注入的电流被阻断。
2）直流侧的故障电流能够衰减到零。

48. 如何确定模块化多电平换流器的电平数？

电力电子开关所能承受的电压是确定 MMC 电平数的一个重要因素。一般来说电平数应大于额定直流电压 U_{dc} 除以电容电压平均值 $\overline{U}_c$，并留有一定的裕度及冗余度，即电平数 $n_{SM} \geq U_{dc} / \overline{U}_c + n_{冗余}$。

49. 直流电压是如何确定的？

柔性直流额定直流电压是指柔性直流输电系统直流侧整流后电压的平均值，是柔性直流工程实施的首要参数，与拓扑选择、损耗以及设备造价有直接的关系，并最终会导致柔性直流投资和运行经济性有较大的差异。柔性直流电压对避雷器保护水平、内过电压和绝缘配合、对外绝缘配置、换流站布置有较大的影响，是柔性直流换流站设计的基础。

第三节　电压源换流器的调制方式

▶ 50. 什么是电压源换流器的调制方式？

电压源换流器的调制方式是指如何确定向开关器件施加开通和关断的控制信息，以利用直流电压在交流侧产生恰当的电压波形，来逼近由设定的有功功率、无功功率或直流电压等指令计算出的需要电压源换流器输出的交流电压波，也称调制波。不同的拓扑具有不同的调制方式。调制方式应具备较好的调制波逼近能力、较小的谐波分量、较少的开关次数、较快的响应能力、较小的计算量等特点。

▶ 51. 两电平电压源换流器的调制方式是怎样的？

两电平电压源换流器的调制方式一般有两种：一种是方波调制；另一种是脉宽调制（PWM）。基于方波调制的两电平电压源换流器结构简单，是其他调制方式的基础。PWM 技术是对脉冲宽度进行调制的技术，通过对一系列脉冲宽度进行调制来等效所需要的波形，包括形状和幅值。

▶ 52. 什么是方波调制？

方波调制是指加在电压源换流器开关单元上的控制信号占空比为 50% 的方波，常用于两电平电压源换流器。方波调制使每桥臂导通 180°，同一相上、下两桥臂交替导通，各相开始导电的相位相差 120°，因此每次换流都是纵向换流，即在同一相上、下两桥臂之间进行，并输出电压波形。方波调制的直流电压利用率约为 63.7%，控制简单，但谐波成分较大，在实际电路中并不适用。

▶ 53. 什么是脉宽调制？

脉宽调制（PWM）技术的理论基础是面积等效原理，即冲量相等而形状不同的窄脉冲在惯性环节所产生的效果基本相同，冲量即窄脉冲的面积，效果相同即输出响应的波形基本相同。如果把各输出波形用傅里叶级数展开分析，其低频段非常接近，仅高频段略有差异。

三相两电平电压源换流器所采用的 PWM 技术主要是 SPWM 及其优化的脉宽调制技术，如三次谐波注入脉宽调制技术。

54. 什么是 SPWM 技术？

SPWM 技术即正弦脉宽调制技术，以三角波 u_c 为载波，希望输出的正弦信号为 u_r，在 u_c 和 u_r 的交点时刻控制 IGBT 的通断，产生与正弦波等效的一系列等幅不等宽的矩形脉冲波形，每个矩形脉冲面积与对应位置的正弦波面积相等。一般分为双极性调制和单极性调制。

55. 什么是 SPWM 技术的对称规则采样法？

由于计算正弦波与三角波的交点的对应时刻需要求解含有三角函数的方程，求解过程较为复杂，不适合在线计算，因此，在工程中一般采用近似的对称规则采样法，即以三角波两个正峰值之间为一个采样周期，让脉冲中点与三角波负峰点重合，经过采样的阶梯波与三角波相交，由交点得出脉冲的宽度与使用正弦波的自然采样法获得的非常接近，而且这种方法计算较为简单。

56. 实际工程中，应用 PMW 技术时应注意什么？

在实际的工程中，如果上、下桥臂同时导通将造成短路，必须使上、下桥臂的驱动信号互补，并留下一小段上、下桥臂都施加关断信号的死区时间。由于死区时间会给输出的 PWM 波带来影响，使其稍微偏离正弦波，故谐波含量较理论条件要多一些，甚至会出现少量的低次谐波。

57. 什么是三次谐波注入法？

三次谐波注入法（HISPWM）是线电压控制脉宽调制方法，指控制换流器输出的三个线电压中的两个独立变量，用多余的一个自由度来改善控制性能的方法，通过对相电压的控制来达到控制线电压的目的。具体的方法是在相电压正弦波调制信号中叠加三次谐波后，经调制后输出的相电压也含有三次谐波，且相位相同。由于线电压是两相电压之差，线电压中不含三次谐波，从而达到增加直流电压利用率的目的。

58. 多电平电压源换流器有哪些调制方式？

多电平电压源换流器使用的调制方式主要有载波层叠脉宽调制（LS-PWM）、载波移相脉宽调制（CPS-PWM）、特定谐波消去法（SHE-PWM）等。

59. 适用于模块化多电站电压源换流器的调制方式有哪些？

适用于模块化电压源换流器的调制方式有空间矢量脉宽调制（SVPWM）、阶段波调制方法、载波调制方法。载波调制方法包括 CPS-SPWM 和 LS-SPWM。其在输出电压的一个工频周期中，功率器件的开关次数较多，适用于子模块数量相对较少的 MMC 电路；阶段波调制方法适用于子模块数量较多的 MMC 电路。

60. 空间矢量脉宽调制技术的原理是怎样的？

空间矢量脉宽调制（SVPWM）技术是把三相电压源换流器的前端电压状态在复平面上综合为一个电压空间矢量，并通过不同的开关状态形成 8 个空间矢量，用这 8 个空间矢量去逼近电压矢量圆从而得到 SVPWM 波形。

61. 电压逼近调制策略的基本原理是怎样的？

电压逼近调制属于阶段波调制，又可分为最近电平逼近调制（NLM）和空间矢量控制（SVC），其基本原理就是使用最接近电平或最接近电压矢量瞬时逼近正弦调制波，具有动态性能好、实现简便等特点。当电平数很多时，电压矢量数会很多，空间矢量控制实现起来将更复杂。对于 MMC-HVDC 系统，MMC 的电平数较多，最近电平逼近调制更具有优势。

62. 什么是最近电平逼近调制？

用于高压直流输电时，模块化多电平换流器的桥臂级联子模块数量很多，其输出电平数可以达到几十至上百个。最近电平逼近调制（Nearest Level Modulation，NLM；Nearest Level Control，NLC）是一种专门用于高电平数换流器的调制策略，使

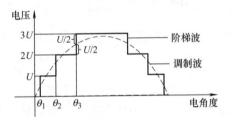

图 2-9   最近电平逼近调制原理图

用最接近的输出电平瞬时逼近调制波，不仅可以降低电力电子器件的开关频率和开关损耗，而且实现简便、动态响应较快。如图 2-9 所示，图中横坐标表示电平投切的电角度，纵坐标表示电压幅值，U 为单位电平电压值，最近电平逼近调制的原理是输出在该时刻最接近调制波瞬时值的电平，将换流器实际输出电压与调制波电压之差的绝对值控制在 $U/2$ 以内。如果记 k 相调制波为 v_k^*，即换流器 k 相输出相电压的目标波形，根据最近电平逼近调制的思想，换流器 k 相输出电平数可以表示为

$$l = \frac{f(v_k^*)}{U}$$，其中 $f(x)$ 是取整函数。最近电平逼近调制最终输出的是一组跟随调制波变化的阶梯波形。

63. 最近电平逼近调制存在哪些不足？

最近电平逼近调制的不足之处在于输出电压依靠直流母线电压或移相角来调节，以致动态调节困难，各个子模块输出功率不均衡，并可能产生严重的环流问题。

64. 为什么需要平衡 MMC 换流器的电容电压？

MMC 的桥臂电流波形不是半波对称的，最近电平逼近调制策略给出了不同时

刻 MMC 各个桥臂需要投入的子模块数量，但是具体到各个子模块的投切状态则存在多种冗余组合，因此 MMC 的电容电压平衡难度较大，迫切需要一种高效率的电容电压平衡策略。

65. 衡量电容电压平衡控制策略性能有哪些指标？

衡量电容电压平衡控制策略性能主要有以下 3 个指标：

1）电容电压波动率：定义为各子模块中电容电压偏离其额定值的最大偏差与电容电压额定值之比。

2）电容电压不平衡度：定义为所有时刻各子模块电容电压之间的最大偏差与子模块电容电压额定值之比。

3）MMC 中 IGBT 管的平均开关频率（单位为 Hz）。

66. 有哪些电容电压平衡控制策略？它们的主要思路是什么？

电容电压平衡控制策略主要有完全排序法、状态排序法、保持因子法等。

完全排序法主要是监测桥臂中所有子模块的电容电压值，并对所有子模块电容电压值进行排序，监测桥臂电流的方向，如果桥臂电流对投入子模块充电，则按电压由低到高的子模块投入；如果桥臂电流对投入子模块放电，则按电压由高到低投入。

状态排序法为了减小 IGBT 的开关次数，降低开关损耗，可以只对需要投入或切除的增量子模块进行电容电压大小的排序，原则是尽量避免不必要的开关动作。当需要投入的子模块数量增加时，保持已投入的子模块不再进行切除操作；当需要投入的子模块数量减小时，保持已切除的子模块不再投入。

保持因子法是在电容电压额定值附近设定一组电压的上限与下限，将平衡控制的重点放在电容电压越限的子模块上，再采用完全排序法的电容电压平衡策略，一定程度上增大了电容电压未越限的子模块在下一次实施触发控制时保持原来投切状态的概率，降低 IGBT 的开关频率。

67. 各种电容电压平衡控制策略有哪些优缺点？

相比完全排序法，状态排序法和保持因子法都能够大幅度地降低开关频率，达到减少开关损耗的目的；在相同等级的开关频率下，状态排序法的电容电压波动率相对较低，而保持因子法的电容电压不平衡度相对较小。由于电容电压波动率直接影响子模块电容器和子模块功率器件承受的电压水平，对投资成本具有直接的影响；而电容电压不平衡度造成的影响较小，因此，在相同等级的开关频率下，优先考虑具有较低电容电压波动率的控制策略。

68. MMC 换流阀旁路优化控制的目的是什么？

MMC 换流阀旁路优化控制的目的在于抑制当某个桥臂旁路个数过多，6 个桥臂旁路个数不一致时，各个桥臂能量不均衡引起的直流电流振荡。

69. MMC 换流阀的旁路优化控制策略是什么?

在桥臂内有旁路个数及无旁路个数的工况下，桥臂储能保持为 W_{rate} 不变，当桥臂有旁路模块时，桥臂总储能 W_{rate} 为

$$W_{rate} = \frac{1}{2} C N_{sum} U_d^2$$

式中，U_d 为桥臂模块平均电容电压；C 为功率模块电容值；N_{sum} 为桥臂功率模块数。若有功率模块旁路，旁路的功率模块数为 N_f，桥臂总储能 W_{rate} 为

$$W_{rate} = \frac{1}{2} C (N_{sum} - N_f) U_{df}^2$$

式中，U_{df} 为故障模块数为 N_f 时的单元电压。按照各桥臂能量相等的原理，故障桥臂子模块的额定电压可表示为

$$U_{df} = \sqrt{\frac{N_{sum}}{N_{sum} - N_f}} U_d$$

因此，当某一个桥臂出现模块旁路时，将导致该桥臂未旁路模块电压升高，从而该桥臂在投入相同数量子模块时，有旁路桥臂电压高于无旁路桥臂。因此可加入系数以平衡桥臂能量，乘以系数后的调制波计算公式如下：

$$V_{mod} = \frac{0.02 V_{PCP\_mod}}{1600} \sqrt{\frac{N_{sum}}{N_{sum} - N_f}}$$

子模块正常运行时，如无旁路模块即 $N_f = 0$，此时上式所示策略同时满足子模块正常运行和子模块故障时的情况，控制系统的一致性较好。环流抑制压板投入时，调制波计算公式如下：

$$V_{mod} = \frac{0.02 V_{PCP\_mod} + V_{ref}}{1600} \sqrt{\frac{N_{sum}}{N_{sum} - N_f}}$$

第四节　柔性直流输电的控制策略

70. 早期的柔性直流输电系统的控制策略有哪些?

早期的柔性直流输电系统采用间接电流控制策略，即根据 abc 坐标系下 VSC 的数学模型和当前的有功、无功功率指令值，计算需要 VSC 输出的交流电压的幅值和相位角。间接电流控制策略通过控制 VSC 输出交流电压的幅值和相位，间接控制交流电流。其优点在于控制简单、无须电流反馈控制。但是其缺点是电流动态响应慢，受系统参数影响大，容易造成 VSC 阀的过电流。

🕐 71. 什么是直接电流控制（矢量控制）策略？

矢量控制策略是指以快速电流反馈为特征，获得高品质的电流响应的策略。现已成为当前业界的主流，由外环控制器和内环控制器构成。其可在三种不同的坐标系及对应的控制算法下实现，即同步旋转坐标系（dq 坐标系）与比例–积分（PI）控制算法、$\alpha\beta$ 坐标系与比例谐振（PR）控制算法、abc 坐标系与无差拍（Dead Beat）控制算法或滞环（Hysteresis）控制算法。

🕐 72. 柔性直流系统直接电流控制（矢量控制）包括哪些模块？

柔性直流单元采用基于直接电流控制的矢量控制方法，具有快速的电流响应特性和良好的限流能力。如图 2-10 所示，矢量控制由外环控制和内环控制组成。外环控制主要包括有功功率类控制和无功功率类控制；内环控制采用正序电流和负序电流分解独立控制。

独立于有功类控制和无功类控制之外，柔性直流控制系统还设置了恒压恒频控制，即 V/f 控制，以及应对交流系统暂态过程的暂态控制策略。

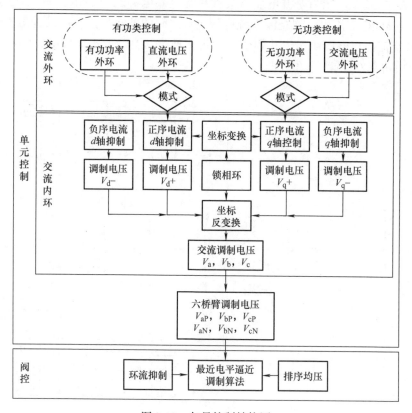

图 2-10　矢量控制结构图

73. 柔性直流输电系统的控制原理是什么?

如图 2-11 所示为考虑交流侧中性点和直流侧中性点的 MMC 拓扑。交流侧中性点用 O′ 表示,直流侧中性点用 O 表示。电阻 R_0 用来等效整个桥臂的损耗,L_0 为桥臂电抗器,C_0 为子模块电容。同一桥臂所有子模块构成的桥臂电压为 u_{rj}(r = p、n,分别表示上下桥臂;j = a、b、c,表示 abc 三相,下同),流过桥臂的电流为 i_{rj}。U_{dc} 为直流电压,I_{dc} 为直流电流。U_{sj} 为交流系统 j 相等效电势,L_{ac} 为换流器交流出口 v 点到交流系统等效电势之间的等效电感(包含系统等效电感和变压器漏电感)。MMC 交流出口处输出电压和输出电流分别为 u_{vj} 和 i_{vj}。从 MMC 交流出口(v 点)注入交流系统的有功功率和无功功率分别为

$$P_v = 3\frac{U_v U_s}{X_{ac}}\sin\delta_{vs}$$

$$Q_v = 3\frac{U_v(U_v - U_s\cos\delta_{vs})}{X_{ac}}$$

式中,U_v 为 MMC 交流出口的基波相电压有效值;U_s 为交流系统等效相电势有效值;δ_{vs} 为 MMC 交流出口基波电压与交流系统等效电势之间的相位差;X_{ac}($X_{ac} = j\omega L_{ac}$)为 MMC 交流出口到交流系统等效电势之间的基波阻抗。可以看出,通过控制 MMC 交流出口电压的相位和幅值,就可以改变 MMC 注入交流系统的有功功率 P_v 和无功功率 Q_v 的大小和方向。

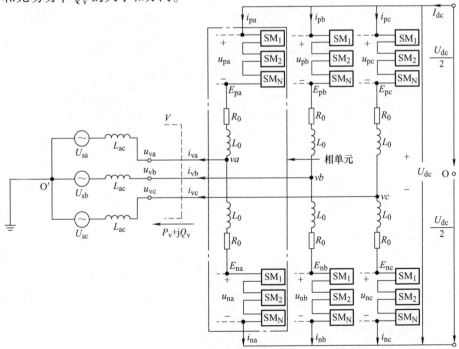

图 2-11　考虑交流侧中性点和直流侧中性点的 MMC 拓扑

74. 柔性直流输电系统的功率传输原理是什么？

如图 2-12 所示，将 VSC 换流器看作一个相位和幅值均可调的交流电压源，其中电抗（Valve Reactance）为桥臂电抗（Bridge Arm Reactance）与换流变漏抗的等效电抗。

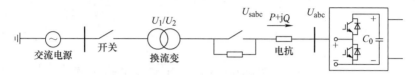

图 2-12　柔性直流输电系统功率传输原理

设电抗两侧交流电压分别为 U_{sabc} 和 U_{abc}，传输的功率为 S（PQ），方向由交流侧指向直流侧，等效电抗大小为 X_{c}，则可得出

$$S = U_{\mathrm{sabc}} \angle 0° \left(\frac{U_{\mathrm{sabc}} \angle 0° - U_{\mathrm{abc}} \angle \theta}{\mathrm{j} X_{\mathrm{c}}} \right)^* = -\frac{U_{\mathrm{sabc}} U_{\mathrm{abc}}}{X_{\mathrm{c}}} \sin\theta$$

$$+ \mathrm{j} \frac{U_{\mathrm{sabc}} (U_{\mathrm{sabc}} - U_{\mathrm{abc}} \cos\theta)}{X_{\mathrm{c}}}$$

$$P = -\frac{U_{\mathrm{sabc}} U_{\mathrm{abc}}}{X_{\mathrm{c}}} \sin\theta$$

$$Q = \frac{U_{\mathrm{sabc}} (U_{\mathrm{sabc}} - U_{\mathrm{abc}} \cos\theta)}{X_{\mathrm{c}}}$$

由上式可知，有功功率大小主要取决于 $U_{\mathrm{abc}} \angle \theta$ 相对 $U_{\mathrm{sabc}} \angle 0°$ 的电角度，θ 为正则换流器发出有功功率，θ 为负则换流器吸收有功功率；而无功功率主要取决于 $U_{\mathrm{c}}\cos\theta$，$U_{\mathrm{sabc}} - U_{\mathrm{abc}}\cos\theta$ 为正，则换流器吸收感性无功功率，为负则发出感性无功功率。可以看出，通过控制 θ 和 U_{abc} 即可实现对有功功率和无功功率的独立控制。从交流系统来看，柔性直流输电系统可以等效为一个无转动惯量的电动机或发电机，可以在 PQ 平面四个象限实现有功功率和无功功率的独立控制。

第三章 ◉ 柔性直流输电系统的研究与设计

第一节 柔性直流输电系统的设计

◉ **75. 柔性直流输电系统换流站的主要设备有哪些？**

柔性直流输电系统换流站的主要设备一般包括电压源换流器、桥臂电抗器、联接变压器（柔直变压器）、测量装置、控制保护系统及辅助系统。

◉ **76. 什么是成套设计？柔性直流工程成套设计主要完成哪些工作？**

成套设计是指将柔性直流输电系统作为一个整体进行系统设计，以实现柔性直流系统的整体性能的优化。主要完成主回路设计、暂态性能设计、柔性直流系统性能设计及直流偏磁电流计算、柔性直流控制保护系统设计。根据具体工程的要求增减相关的研究设计项目。

柔性直流输电工程成套设计是要确定工程总体技术方案以及直流工程参数，输出结果为专题研究报告、总体技术方案、招标规范等。南方电网直流工程成套设计主要由南方电网科学研究院有限责任公司承担，国家电网主要由国网北京经济技术研究院承担。

◉ **77. 主回路设计主要完成哪些工作？**

主回路设计主要包括：确定换流站功率运行曲线、确定柔性直流输电系统的接线方式和运行方式、确定基本运行控制策略并进行主回路参数计算、关键设备负载能力研究等。

◉ **78. 暂态性能设计主要完成哪些工作？**

暂态性能设计主要完成：过电压和绝缘配合计算、暂时过电压和铁磁谐振过电压计算、暂态电流计算。

◉ **79. 柔性直流输电系统设计主要完成哪些工作？**

系统设计主要完成：两端接入交流系统潮流稳定及附加控制研究、孤岛运行方式研究（需要时）、交直流并联系统性能研究（需要时）、电网存在多回直流时相互影响研究（需要时）、动态性能研究（确定换流器的控制功能和控制参数）、换流站损耗计算、系统过负荷能力研究、可靠性计算、换流站可听噪声计算、电磁干扰研究、交流谐波特性计算、直流谐波特性计算、无功功率和电压控制等。

80. 柔性直流控制保护系统设计主要有哪些工作？

柔性直流控制保护系统设计主要包括：分层结构和冗余设计，控制功能配置及参数优化设计，附加控制功能及参数优化设计，柔性直流保护的分区、配置、冗余设计及保护定值研究等。

81. 柔性直流输电系统成套设计应完成哪些设备或子体系的技术规范？

在系统成套设计的基础上，应完成以下设备或子系统技术规范：柔直换流阀及阀控、联接变压器、桥臂电抗器、起动电阻器、接地设备；直流（平波）电抗器、交流开关设备、测量装置、避雷器、直流支柱绝缘子、套管、直流开关设备；直流控制保护系统、故障录波装置、保护及故障录波信息管理子站、调度自动化和直流远动系统、主时钟系统、辅助系统（站用电、暖通系统）等。

82. 柔性直流换流站设计时要考虑哪些环境条件？

柔性直流换流站设计时主要应考虑：气象数据、污秽水平、地震烈度或动峰值加速度、水文地质条件（地下水深度、土壤电阻率等）等。

83. 柔性直流换流站设计环境条件应考虑哪些因素？

柔性直流换流站设计环境条件主要应考虑：气温（极端最高/最低温度、年平均气温、最热月的月平均气温、最热日的日平均气温）、多年平均气压、湿度（平均相对湿度、最小相对湿度）、风向及风速（多年平均风速、最大风速、经常性风向）、降水量（年降水量、最大月降水量、24h 最大降水量），以及其他因素（太阳辐射率、平均雷暴天数、最大雷暴天数、设计覆冰、累年最大积雪深度）。

84. 换流站大件设备运输时应考虑哪些因素？

换流站大件设备运输时应考虑到换流站的运输方式、距离、设备最大尺寸和重量限制等。

85. 柔性直流输电系统成套设计要考虑哪些交流系统条件？

应考虑交流系统概况（投产年、设计水平年及远景年的系统情况等），包括交流母线电压变化范围、交流母线电压频率变化范围、负序及背景谐波、交流母线短路水平、故障清除时间、单相重合闸时序等。

86. 柔性直流输电系统可靠性的总体要求是什么？

柔性直流输电系统的设计目标是达到高可靠性，在设计中特别要注意避免由于设备故障、误动作或运行人员错误引起的系统强迫停运，并应仔细考虑柔性直流输电系统的相关因素（子系统和系统的试验、控制保护系统的配合、控制保护系统的整定值、设计的冗余度及备品备件等）。

87. 柔性直流输电系统有哪些可靠性指标？

可靠性设计主要指标参考如下：
1）强迫能量不可用率（FEU）：不大于 1%。
2）计划能量不可用率（SEU）：不大于 1%。
3）强迫停运次数：不大于 5 次/年。

第二节　设备过电压与绝缘配合

88. 柔性直流换流站的过电压与绝缘要考虑哪些内容？

柔性直流换流站的过电压与绝缘主要考虑的内容包括：换流站避雷器的配置、过电压的确定、避雷器的要求、设备的绝缘水平、空气间隙要求、爬电比距及开关场雷电保护等。

89. 柔性直流换流站绝缘配合的目的和流程是什么？

柔性直流换流站绝缘配合的根本目的是以最小的绝缘投资达到某一可以接受的绝缘故障率。绝缘配合设计流程如下：计算站内的代表性电压，配置避雷器，并确定各避雷器的保护水平；根据标准规定的配合因数，以及避雷器的保护水平计算设备的配合耐受电压；对于应用于高海拔地区的设备，还需要计算海拔校正因数，并计算高压设备的要求耐受电压；直流设备暂未规定标准的额定耐受电压，只需将要求耐受电压调整到方便使用的经验值。

90. 柔直换流器（阀）应具有哪些暂时过电压能力？

柔直换流器（阀）应能承受各种过电压。阀的整体设计在绝缘性能上应保证阀对交直流电压和操作、雷电、陡波冲击电压具有足够的耐受能力，电晕及局部放电特性在规定范围内。在各种过电压（包括陡波头冲击电压）下，应使加于换流器（阀）内任何部件上的电压不超过其耐受能力。换流器（阀）触发回路不应受冲击过电压的干扰，且功能正确。换流器（阀）应能在较高的过电压情况下触发而不发生损坏。

91. 柔直换流器（阀）应满足哪些暂时过电流的要求？

柔直换流器（阀）应能承受具有承担过负荷电流及各种暂态冲击电流的能力。在故障电流下，阀具有足够的故障抑制能力。对于多个周期的故障电流，阀应具有足够的耐受能力。

92. 阀厅及直流开关场的爬电比距如何确定？

直流侧的爬电比距应按换流站在正常运行条件下对地最高直流运行电压计算，阀厅（包括阀的外绝缘和套管）爬电比距一般不小于 14mm/kV。

第三节　柔性直流输电系统故障

93. 柔性直流输电系统有哪些停运情况？

柔性直流输电系统的停运有两种情况：正常停运和紧急停运。正常停运指的是为了定期对柔性直流输电系统进行维护与检修而要求其退出运行状态。紧急停运包括手动按 ESOFF 按钮或者控制保护作用自动紧急停运。当直流系统一、二次设备异常或故障导致设备存在进一步损坏风险或对交流系统产生有害影响时，需要运行人员手动按 ESOFF 按钮或控制保护作用紧急停运直流系统。

94. 柔性直流输电系统正常停运的过程是怎样的？

柔性直流输电系统的正常停运一般分为三个阶段。第一个阶段，按照设定的功率回降速度使功率降至最小值。一般认为其最小功率为 0，但是功率太小将超出测量系统的测量精度而导致控制出现紊乱。一般应设置一个最小值，鲁西站 1000MW 的柔性直流输电单元设置的最小值是 20MW。第二个阶段，闭锁换流器并跳开断路器。第三个阶段是不控放电阶段，子模块电容通过子模块内电阻彻底放电。

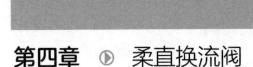

第四章 ◉ 柔直换流阀

第一节 柔直换流阀的设计

◉ **95. 鲁西站柔性直流系统的主接线方式是怎样的?**

鲁西站柔性直流单元采用基于模块化多电平的对称单极接线型式,联接变压器采用单相双绕组型式,采用 Ynyn 接线方式,然后将阀侧绕组的中性点经电阻接地。正负母线均装设直流电压电流测量装置、避雷器、隔离开关。鲁西站柔性直流系统的主接线如图 4-1 所示。

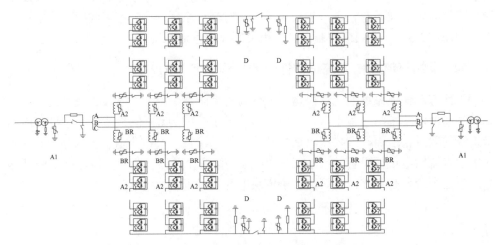

图 4-1　鲁西站柔性直流系统的主接线

◉ **96. 鲁西站柔直换流阀的电气结构是怎样的?**

鲁西站基于 MMC 拓扑的换流阀的电气结构如图 4-2 所示,换流阀包含了功率模块、桥臂电抗器等。每个换流器由三个相单元组成,每个相单元由上、下两个桥臂组成,每个桥臂单元由若干个换流阀阀塔组成,每个阀塔由多个阀段组成。

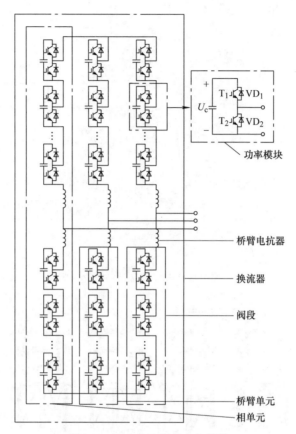

功率模块

桥臂电抗器

换流器

阀段

桥臂单元

相单元

图 4-2　柔直换流阀的电气结构

97. 鲁西站柔直换流阀是如何布置的？

鲁西站柔直阀厅内将三个相单元的上桥臂单元 A、B、C 安排为一组，其直流出线端用管母汇流后与 +350kV 直流母线相连；下桥臂单元 A′、B′、C′安排为另外一组，其直流出线端用管母汇流后与 −350kV 直流母线相连。另外，三个相单元的上桥臂单元和下桥臂单元在阀厅内面对面放置。换流阀占地总长为 45m，总宽为51.1m，高为 9.8m。柔直换流阀布置如图 4-3 所示。

98. 什么是桥臂单元？鲁西站柔直换流阀桥臂单元是如何布置的？

柔直换流阀桥臂单元由阀塔和桥臂电抗器串联组成。柔直云南侧：一个桥臂单元由 1 台桥臂电抗器和 6 个阀塔串联组成，一个阀塔由 8 个阀段串联组成，一个阀段由 7 个功率模块串联组成。柔直广西侧：一个桥臂由 1 台桥臂电抗器 5 个阀塔串联组成，一个阀塔由 16 个阀段串联组成，一个阀段由 6 个功率模块串联组成。图4-4 所示为鲁西站柔直广西侧桥臂单元布置图。

图 4-3　柔直换流阀的布置

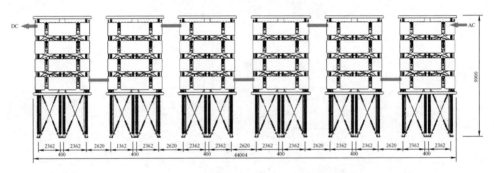

图 4-4　鲁西站柔直广西侧桥臂单元布置图

99. 鲁西站柔直换流阀的阀塔结构是怎样的?

鲁西站柔直换流阀采用模块化多电平结构。以柔直换流阀广西侧为例,阀塔由双分裂结构组成,每个分裂结构底部由 6 根 350kV 的复合支柱绝缘子支撑,层间使用 80kV 的复合支柱绝缘子支撑四层阀段。第一层阀段到地之间的支柱复合绝缘子高度为 3650mm,层间支柱复合绝缘子高度为 600mm。复合支柱绝缘子之间安装有斜拉绝缘子,以保证阀塔的强度和抗振性。一个阀塔由 16 个阀段组成,一个阀段安装有 6 个功率模块。两个分裂阀塔间和层间的功率模块在电气上是通过螺旋的方式串联在一起。阀塔第一层与顶层处均压管母以环形对抱方式安装。阀塔屏蔽罩为整体板型,屏蔽罩将阀塔整体统一环绕。光纤槽及水管采用 S 形从地面引入阀塔底层功率单元,以确保足够的爬电距离。阀塔的三维图如图 4-5 所示。

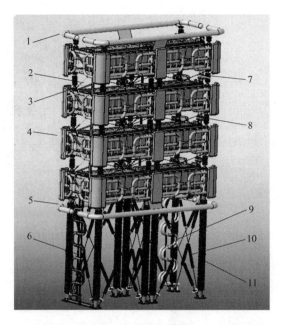

图 4-5 阀塔三维图

1—屏蔽环 2—层间连接母排 3—阀段 4—屏蔽罩 5—屏蔽环 6—光纤槽
7—层间斜拉绝缘子 8—层间支柱绝缘子 9—S 型水管 10—斜拉绝缘子 11—支柱绝缘子

100. 什么是柔直换流阀组件？鲁西站柔直组件的结构是怎样的？

柔直换流阀组件（也称为阀段）由若干个相同的模块化多电平换流器标准组件串联组成。每个阀组件承受的电压为模块化多电平换流器标准组件的数量乘以每个模块化多电平换流器标准组件的工作电压。

鲁西站柔直换流阀阀段主要由支撑梁、中部绝缘工字梁、支撑板、绝缘滑道、模块连接铜排、冷却水管（PVDF 水管）、光纤等组成。功率模块通过母排串联构成阀组件，IGBT 位于铝散热器上，固定螺栓和散热器压接在一起，满足散热和电气连接的要求。阀段外形尺寸为 3100mm × 1700mm × 1030mm，重量约为 1500kg。一个阀段容纳 6 个功率模块，阀段底部 4 根绝缘工字梁与支撑梁通过连接件用螺钉连接，6 个功率模块通过 6 套导轨梁固定在工字梁上，导轨上安装有滚珠便于功率模块的安装与维护，阀段上方绝缘横梁主要起固定光纤槽和保持框架整体受力均匀的作用。阀段的布局如图 4-6 所示。

101. 柔直换流阀阀塔的安装结构有几种？各有什么特点？

目前柔直换流阀阀塔的安装结构主要有两种：支撑式和悬吊式。支撑式是借助支撑式绝缘子、斜拉绝缘子实现结构支撑，在早期的常规低功率直流输电工程中，

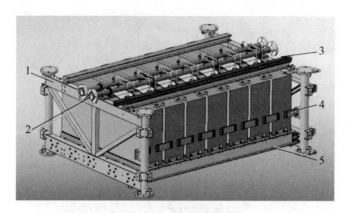

图 4-6 阀段的布局

1—支撑框架 2—横水管 3—光纤槽 4—连接母排 5—支撑梁

换流阀阀塔主要采用支撑式的现场固定方式。目前，投运的轻型柔性直流输电系统由于其输送容量较小，电流、电压等级较低，因此普遍采用支撑式。悬吊式则具有柔性结构的摆式悬挂系统，通过绝缘子从上而下连接换流阀组件，因此大多数常规直流换流阀多采用此种结构。鲁西站柔直换流阀采用支撑式结构。

支撑式结构的特点如下：

1）支撑式安装简便，对阀厅屋架强度要求不高，但是对阀厅地面基础强度及平整度要求较高。

2）不适合用在地震活动区或抗振要求高的场合。

3）为了增加结构整体稳定性，需要增添更多的支柱型绝缘构件，使支撑结构复杂化，阀整体质量增加。

4）支撑式固定方式采用自下而上依次叠层安装，阀塔整体高度相对较低，现场施工作用高度相对悬吊式较低，安装方便。

悬吊式结构的特点：换流阀阀层间采用具有足够强度的层间悬吊绝缘子，连接部分设计有铰链机构，可以有效地降低地震波作用下阀塔的内部应力，提高阀塔的整体抗振性能，因此该种安装方式是当前常规换流阀的主流固定方式。

102. 柔直换流阀阀厅阀冷系统如何布置？

柔直换流阀阀厅阀冷系统内的冷水通过主水管道进入阀厅，分成 6 个并联水路给 6 个桥臂，每个桥臂有一个进、出水管，分别供给 6 个阀塔，阀段与阀段间构成并联水路结构。阀塔通过 S 形水管连接桥臂单元进、出水管，内冷水进入阀塔上竖水管，随后进入阀段横水管，横水管上分支小水管将内冷水送入功率模块。另外，为了防止漏电流对功率模块铝散热器造成电化学腐蚀，在阀段横水管上应合理布置铂电极，用来控制冷却水中的电位分布。

103. 鲁西站柔直换流阀阀塔的漏水检测装置的结构是怎样的？

柔直换流阀云南侧：阀塔上的每个阀段下安装一个集水盒，盒里安装电极式水位传感器用于检测阀段漏水。当该阀段发生漏水时，传感器通过单元主控板将漏水信号上传阀控系统，通过阀控上位机显示漏水告警信号。

柔直换流阀广西侧：在阀塔底部配置合页型漏水检测装置，当阀塔发生漏水时，水汇集到集水槽后流入光栅式功能部件集水器中，浮子随着集水不断地升高，遮挡通信光纤的信号，装置发出漏水告警。该装置的原理与目前常规直流系统阀塔漏水检测装置类似。

104. 柔直换流阀的设计要求和基本技术参数有哪些？

柔直换流阀的设计要求应满足工程技术规范的要求，并能承受正常运行以及由于设备故障或系统故障引起的应力。而且，应保证柔直换流阀在规定的运行周期和冗余度内，当某些部件发生故障或损坏时，仍具有正常的运行能力。

柔直换流阀的基本技术参数应包括：阀塔的类型、阀的组成元件的类型和数量、阀保护的类型、阀的电压应力、阀的电流应力、阀冷却系统形式和相关技术参数。

105. 柔直换流阀在机械设计方面应关注哪些？

柔直换流阀机械设计应重点关注以下几个方面：

1）柔直换流阀的机械结构应简单而坚固，能承受规定的抗振要求及检修人员到阀体上工作时产生的应力。阀宜设计为组件式，便于安装、检修和更换。

2）柔直换流阀中的各种金属构件应具有耐腐蚀特性，以保证阀的设计寿命。

3）柔直换流阀的各种非金属构件应具有耐电弧特性，避免因放电导致快速老化。

4）柔直换流阀中与冷却水接触的各种材料，应具有耐受表面腐蚀和老化的能力，以保证阀的设计寿命。

5）柔直换流阀中的光纤布置应便于光纤通道内相关部件的更换。

6）柔直换流阀的冷却设计应避免在运行期间出现冷却水泄漏和堵塞，并保证在发生冷却水少量泄漏时，阀仍能运行并发出报警信号。阀的结构设计应考虑使泄漏的冷却水直接沿沟槽流出，离开带电部件。

7）柔直换流阀的机械结构设计应考虑在一根支撑绝缘子损坏的情况下，剩余支撑绝缘子承受的负载不超过其额定机械强度的50%。

106. 柔直换流阀的电压耐受能力设计应考虑哪些因素？

柔直换流阀过电压能力设计应考虑足够的安全系数，且承受各种过电压要求。

安全系数的确定除考虑电压不均匀分配、过电压保护水平的分散性外，还应考虑阀内非线性因素对阀耐压能力的影响。

107. 柔直换流阀的电流耐受能力设计应考虑哪些因素？

柔直换流阀的电流耐受能力设计应考虑阀的部件（功率器件、电容器等）承受正常运行电流和暂态过电流的水平，包括幅值、持续时间、周期数、电流上升率等，同时还应考虑足够的安全裕度。阀的暂态过电流与故障类型、交流系统短路容量、直流系统电压、功率模块数量和电容值以及桥臂电抗值等有关。

108. 如何确定柔直换流阀的损耗？

柔直换流阀的损耗由功率器件的损耗和阀内辅助系统元件或设备的损耗组成，主要包括功率器件的通态损耗、功率器件开关的损耗、放电电阻器的损耗、电容器的损耗、控制板等其他电路板的损耗，总损耗为以上损耗之和。

109. 柔直换流阀的谐波性能应满足哪些要求？

柔直换流站额定运行时联接变压器阀侧交流谐波电压（不包括背景谐波）应满足：D_n（奇次）≤1.0%、D_n（偶次）≤0.5%、THF≤1.0%。解锁后直流电压波动在稳定运行情况下的任何时刻最大不超过±3.5kV。

110. 柔直换流阀的电磁屏蔽设计要求是什么？

柔直换流阀的功率模块内部有很多电力电子器件，必须工作在规定的电磁和电场环境中。在柔直换流阀设计时，应充分考虑其抗电磁干扰能力，采取措施给其建立一个良好的电磁和电场环境。

电场环境：柔直换流阀在正常运行和故障运行情况下，阀塔电场应尽量分布均匀，确保不发生电晕和放电现象。可采取的措施如下：

1）阀塔四周安装均压屏蔽罩，顶部和底部安装屏蔽环。
2）尽量避免阀塔内部结构件出现尖角、尖棱和毛刺。
3）阀塔用器件都需可靠固定电位。
4）尽量采用特性均匀的绝缘材料。

电磁环境：通过合理的柔直换流阀结构设计，使其在正常运行和故障运行时，尽量保证柔直换流阀阀塔磁场分布均匀。可采取的措施包括设置屏蔽体和不使主回路电流穿过闭合回路。在设计屏蔽体时，应明确电磁骚扰源及敏感单元，并结合屏蔽体的屏蔽能效确定屏蔽方式；应选用合格的导磁材料，确保良好的磁屏蔽作用；应尽量减少屏蔽不完整性对屏蔽效果的影响。

111. 柔直换流阀开展电场仿真分析的目的是什么？

柔直换流阀进行电场仿真分析的目的是模拟其真实的工作环境，在样机研制阶段较为全面地掌握柔直换流阀的电场分布特性，从而减少样机试验的次数，降低研发成本。特别是在选择和设计柔直换流阀零部件的材料、尺寸、间距等时，由于其结构的不规则性，难以通过理论计算得出柔直换流阀内部及其周围的电场分布。而通过电场仿真，可以分析其内部的电位、电场分布，优化柔直换流阀内各部件的合理布局，使其电场强度控制在允许的范围内。

112. 柔直换流阀的防火设计有哪些要求？

柔直换流阀的防火设计主要有以下要求：

1）柔直换流阀内的非金属材料应是阻燃的，并具有自熄灭性能。

2）柔直换流阀内应采用无油化设计。

3）柔直换流阀内电子设备的设计要合理，避免产生过热和电弧。应使用安全可靠的、难燃的元部件，并保留充分的裕度。应用阻燃材料将电子设备完全隔离。

4）柔直换流阀内的任何电气联接应可靠，并保留充分的裕度，避免产生过热和电弧。

5）柔直换流阀内所采用的防火隔板布置要合理，避免由于隔板设置不当导致阀内元件过热。在相邻的材料之间和光纤通道的节间应设置不燃的防火板，或采用其他措施，阻止火灾在相邻塑料材料之间以及光纤通道的节间横向或纵向蔓延。

113. 柔直换流阀的防爆设计有哪些要求？

柔直换流阀的防爆设计主要有以下要求：

1）正常运行工况下，功率模块及其元件均不应发生物理外观爆裂。

2）功率模块除开关器件以外，如直流电容器、晶闸管、放电电阻等，应采取有效的防爆措施防止故障期间发生物理外观爆裂而对其他设备元件（包括水冷却回路）造成损坏。

3）阀塔设计方案中应采取有效的防爆措施，防止任一设备元件发生物理外观爆裂对其他设备元件（包括水冷却回路）造成损坏。

第二节　柔直换流阀的功率模块

114. 什么是柔性直流功率模块？

柔性直流功率模块是模块化多电平换流阀标准基本组件，是模块化多电平换流阀最小的、不可分割的功能单元。它是由带有两个端子的独立可控电压源以及直流电容器和直属辅助设备组成的，包括储能电容器和其他重要附件。

115. 鲁西站柔直功率模块电气组成是怎样的？

鲁西站柔直功率模块电气组成主要包括功率器件、反向并联二极管、功率器件驱动板、晶闸管、旁路开关、直流电容、自取能电源、电压传感器、均压电阻、母排、光纤、单元控制板、散热器及连接水管等，如图 4-7 所示。

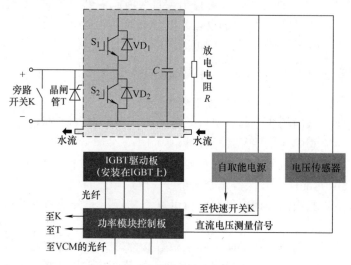

图 4-7　功率模块电气原理示意图

116. 鲁西站柔直换流阀功率模块的拓扑及差异是什么？

广西侧功率模块半桥拓扑如图 4-8 所示，主要由焊接式封装 IGBT（S_1 和 S_2）、反向并联二极管（VD_1 和 VD_2）、直流电容（C_0）、放电电阻、晶闸管（T）、旁路开关（K）以及功率模块控制板、取能电源、IGBT 驱动板、电压传感器等组成。焊接式封装结构将 IGBT 和反向并联二极管封装集成在一起。功率模块控制板用于给发送 IGBT 触发、关断信号，电容为储能元件；晶闸管用于当系统出现最大故障状态（极间短路）时与 VD_2 共同承担过大的故障电流，从而起到对反向并联二极管 VD_2 的过电流保护；旁路开关用于发生功率模块故障时，将功率模块旁路，不会因单个功率模块故障影响系统的正常运行。

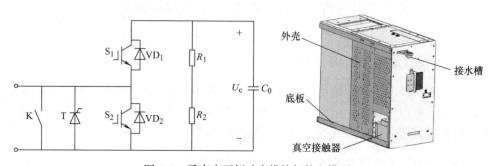

图 4-8　柔直广西侧功率模块拓扑和模型

云南侧功率模块半桥拓扑如图4-9所示，功率模块主要由压接型IGBT（T_1和T_2）、反向并联二极管（VD_1和VD_2）、直流电容（C）、放电电阻、旁路晶闸管（T）、旁路开关（K）以及功率模块控制板、取能电源、IGBT驱动板、电压采样板等组成。其中旁路晶闸管位于母线电容两端，在功率模块中作为旁路电路使用，在旁路接触器出现拒动故障时，不对旁路晶闸管进行触发，当旁路晶闸管两端电压超过其耐受电压后，将因过电压击穿并提供旁路电流路径。旁路开关用于发生功率模块故障时，将功率模块旁路，不会因单个功率模块故障影响系统的正常运行。

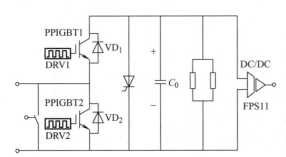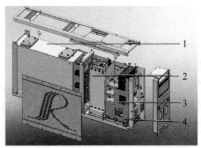

图4-9 柔直云南侧功率模块拓扑和模型

1—电容器 2—PP IGBT 阀串 3—高电位控制器 4—旁路开关

117. 全控型功率器件 IGBT 是什么？

全控型功率器件 IGBT 是由 BJT（双极型晶体管）和 MOSFET（绝缘栅型场效应管）复合而成，具有导通和关断负荷电流的功能，其英文全称为 Insulated Gate Bipolar Transistor。IGBT 有三个端子：门极端子（G）和两个负荷端子发射极（E）、集电极（C）。IGBT 的开通和关断是由门极电压来控制的。在门极上施以正电压时，MOSFET 内形成沟道，并为 PNP 晶体管提供基极电流，从而使 IGBT 导通；在门极上施以负电压时，MOSFET 内的沟道消失，PNP 晶体管的基极电流被切断，IGBT 即为关断。IGBT 结构示意图如图4-10所示。

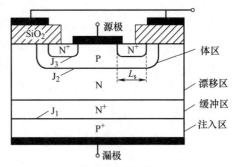

图4-10 IGBT 结构示意图

118. 全控型功率器件 IEGT 是什么？

IEGT（电子注入增强栅晶体管）是日本东芝公司的专利和产品。IEGT 的栅极比较宽（以平面栅为例），N⁻基区靠近栅极一侧的横向阻抗比较高，从集电区注

入 N^- 基区的空穴难以顺利地横向通过 P 区流入发射极，因此会在 N^- 基区形成一层空穴积累层。为了保持 N^- 基区的电场平衡，应向 N^+ 基区注入大量的电子，使 N^+ 基区的 N^+ 源区一侧也形成了高浓度载流子积累，并在 N 基区中形成与 GTO 中类似的载流子分布，从而兼顾大电流、高耐压的要求。IEGT 结构示意图如图 4-11 所示。

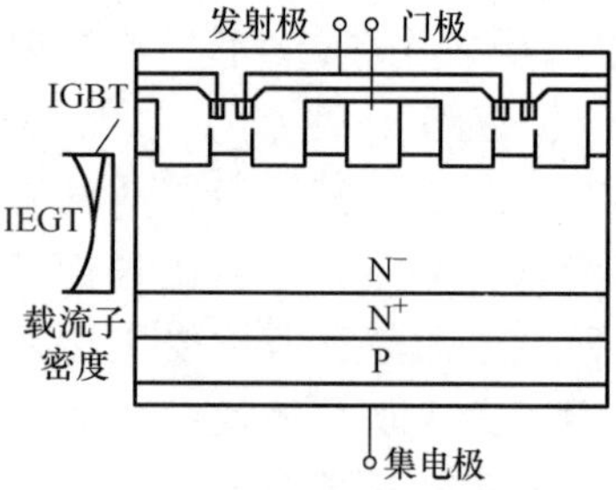

图 4-11　IEGT 结构示意图

119. 全控型器件 IGCT 是什么？

IGCT 是 GCT（门极换流晶闸管）和集成门极驱动电路的合称，其具有 GTO 高阻断能力和低通态电压降，以及与 IGBT 相同的开关性能，是一种较理想的兆瓦级、中压开关器件，广泛应用于大功率中压变流器。IGCT 具有以下特点：IGCT 环流关断时间可降至 $1\mu s$ 以内，这为实现简单耐用的高压串联打下了基础；由于 IGCT 能非常均匀地工作，因此可显著地减少或忽略吸收电路及逆变器的损耗；由于门极关断电荷较低，可显著地降低门极驱动功率。

120. IGCT、IGBT 及 IEGT 的区别是什么？

IGCT 具有电流大、阻断电压高、开关频率高、可靠性高、结构紧凑、低导通损耗等特点，而且制造成本低、成品率高，有很好的应用前景。相对于 IGBT 而言，IGCT 投放市场的时间较晚，应用也没有 IGBT 广泛，技术成熟度应该不如IGBT。

IGBT 为模块式封装，技术成熟、安装工艺简单、器件制造商多，但损坏时为开路模式、可能发生爆炸，且不易实现串联，器件容量相对较小。

IEGT 为压接型封装，器件故障后不会爆炸、故障后处于短路状态、结构上易于串联、散热性能好、可靠性更高，但封装难度大、供应商少。

三者的优缺点对比见表 4-1。

表 4-1　IGCT、IGBT 及 IEGT 的优缺点对比

开关器件	优势	缺点
IGCT	(1) 低通态损耗 (2) 稳定的短路失效模式 (3) 高热循环耐受力	(1) 高门极驱动损耗 (2) 需要吸收电路 (3) 短路时无限流能力
焊接式模块 IGBT	(1) 门极损耗低 (2) 短路时有限流能力 (3) 多种电压等级	(1) 高通态损耗 (2) 低热循环耐受能力 (3) 开路失效模式及爆开风险

（续）

开关器件	优势	缺点
STAKPAK™ IGBT	（1）门极损耗低 （2）短路时有限流能力 （3）适合串联	（1）不适合多级变流器 （2）非完全双面散热
Press-pack IGBT/IEGT	（1）门极损耗低 （2）短路时有限流能力 （3）高热循环耐受力 （4）双面散热 （5）稳定的短路失效模式	需要复杂的结构封装设计

121. 焊接式 IGBT 模块的结构是怎样的？

焊接式 IGBT 模块为多层结构，并且每层由不同的材料构成，焊接式 IGBT 模块的剖面结构图如图 4-12 所示，各层的作用如下：

1）芯片：芯片部分包括 IGBT 芯片和续流二极管（Free-Wheeling Diode，FWD）芯片。

2）键合引线：导通电流，用来连接各芯片以及衬底金属端。

3）直接覆铜（Direct Bonded Copper，DBC）陶瓷板：DBC 板即利用"直接键合"技术在陶瓷表面覆盖一层铜。整个部分分为 DBC 上铜层、DBC 陶瓷层以及 DBC 下铜层。DBC 作为芯片支撑以及各电极的电流中转通道。

4）焊层：将各层结构连接为一个有机的整体，且各层焊料不尽相同，以匹配最优的热膨胀系数。

5）铜底板：铜底板坚硬、平滑，为整个模块提供支撑，直接与散热器相连作为模块的散热通道。

6）硅胶：保护模块内部各结构免受潮湿、酸碱等腐蚀以及足够的绝缘强度。

7）环氧树脂：保护模块内部各结构免受机械冲击，是硅胶与外壳的缓冲层。

8）外壳：保护模块内部各结构免受外部环境的影响。

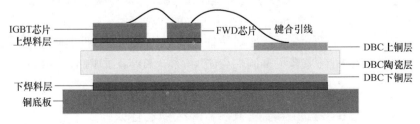

图 4-12　焊接式 IGBT 模块的剖面结构图

122. 压接型 IGBT 模块的结构是怎样的？

压接型 IGBT 的封装结构可分为凸台式和弹簧式，但弹簧式压接封装结构的专利由 ABB 公司所持有，因此其他公司全部采用与晶闸管类似的凸台式封装结构。

凸台式压接型 IGBT 的内部主要有芯片、芯片两边的钼片、发射极凸台、栅极探针、集电极以及外部陶瓷壳等部分。外部采用陶瓷管壳封装，内部结构则采用多个芯片并联的方式。凸台式压接型 IGBT 的剖面结构图如图 4-13 所示，凸台式压接型 IGBT 各部分的作用如下：

1）芯片：包括 IGBT 芯片和 FWD 芯片，其与焊接式 IGBT 不同的是靠外部的压力来使芯片与其上下部分紧密相连。

2）钼片：包括上、下钼片，硬度高，均衡芯片所受压力，防止压力过大对芯片造成损伤，而且钼片的热膨胀系数与芯片有较好的匹配度。

3）银片：质地软、形变量大，可以一定程度上弥补加工误差造成的压力不均。

4）栅极探针：作为栅极触发信号引线，内有弹簧结构可保持与芯片的良好连接。

5）陶瓷管壳：具有一定的机械强度，可保护模块的内部结构。

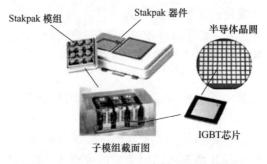

图 4-13　凸台式压接型 IGBT 的剖面结构图

ABB 公司的压接型 IGBT 模块（Stakpak）为方形的弹簧结构封装形式。利用弹簧来平衡器件的压力，内部每个芯片由独立的弹簧接触，这样可以使每个芯片表面的压力保持均匀。Stakpak 灵活性高并且易于组装，可以根据实际应用的需求配置不同数量的功率模组来满足不同的电流等级。Stakpak 的内部结构图如图 4-14 所示。

123. 焊接式 IGBT 和压接型 IGBT 的区别是什么？

1）焊接式 IGBT 模块只能在底面安装散热器，实现单面散热；压接型 IGBT 模

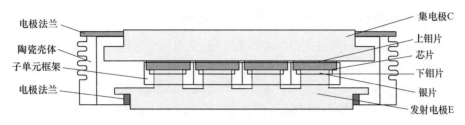

图 4-14　Stakpak 的内部结构图

块可以在上、下两面安装散热器，实现双面散热，良好的导热性能使器件具有非常低的热阻，进而提高器件的功率密度。

2）焊接式 IGBT 模块在失效后呈开路特性，有爆炸的风险；焊接式 IGBT 模块在失效后呈短路特性，对于高压直流输电的应用场合，通常需要成百上千只 IGBT 串联实现上百千伏的直流电压。当一个 IGBT 发生故障而失效时，瞬间能量将硅片和其接触的金属融合成合金，为短路电流提供稳定的通路。因此压接型更适合柔性直流输电换流阀和直流断路器等设备。

124. 鲁西站柔直换流阀采用了哪些功率器件？

鲁西站柔直换流阀云南侧功率模块中的全控型大功率器件选用了东芝压接型 IEG0T，采用了平板压接型封装结构，额定耐受电压为 4500V、额定电流为 1500A，器件采用双面散热，器件失效后为短路状态。广西侧功率模块中的全控型大功率器件采用英飞凌焊接式 IGBT，该结构将 IGBT 和反向并联二极管封装集成在一起，采用单面散热，额定耐受电压为 3300V、额定电流为 1500A，器件失效后为开路模式。实物图如图 4-15 所示。

图 4-15　焊接式 IGBT（左）及压接型 IEGT（右）实物图

125. 柔直换流阀功率器件应考虑哪些选型要求？

柔直换流阀功率器件的选型应考虑集电极-发射极直流电压、集电极连续电流、集电极重复峰值电流、最高结温、封装形式等。考虑现有 IGBT 的电压、电流等级以及换流阀功率模块的总数，同时考虑功率模块回路上的杂散电感，当杂散电感过大容易造成 IGBT 在关断时因电流下降速率大而产生电压尖峰。一般情况下，IGBT 器件的额定电压可以选择为功率模块电容电压的 1.5～2 倍，额定电流一般取功率模块电流有效值的 1.5～2 倍，同时考虑故障时功率模块的最大电流峰值。

126. 柔直换流阀功率模块中的续流二极管的特点是什么？

柔直换流阀功率模块中的续流二极管是具有二极管特性的功率半导体器件，有两个端子，一个阳极和一个阴极。流过续流二极管的电流和流过 IGBT 的电流方向相反，具有承受 IGBT 开关动作导致的快速下降电流的能力。

127. 鲁西站柔直换流阀功率模块中的续流二极管是如何配置的？

鲁西站柔直云南侧功率模块所选功率器件 IEGT 的内部没有二极管，所以需要在外部给每只 IEGT 反向并联一只二极管。当换流阀发生直流侧双极短路时，会产生很大的短路电流流过下管二极管，由于功率模块没有设计旁路晶闸管，短路电流完全由续流二极管承担。广西侧功率模块中选用的 IGBT 模块内部有续流二极管，但其瞬间过电流能力较小。在出现最大故障状态（极间短路）下，IGBT 中的续流二极管的通流能力无法满足故障电流的要求。此时需要和旁路晶闸管共同承担过大的故障电流，从而保护 IGBT 内部的续流二极管。

128. 柔直功率模块中的旁路晶闸管的作用是什么？

柔直功率模块中的旁路晶闸管与旁路开关并联，旁路晶闸管的主要作用是当系统发生直流短路故障时，与下管二极管共同承担短路电流，从而起到对下管二极管过电流保护的作用。

129. 旁路晶闸管有什么选型要求？

为了能够更好地分流下管二极管中流过的短路电流，应选择旁路晶闸管的通态压降小于续流二极管的通态压降，同时需要考虑晶闸管能够承受的电流峰值和 I^2t 值，并考虑与 IGBT 的耐压值配合。

130. 柔直功率模块中撬杠晶闸管的作用是什么？

柔直功率模块中撬杠晶闸管位于母线电容两端，在功率模块中作为撬杠电路使用。在旁路开关出现拒动故障时，撬杠晶闸管不会进行触发，当撬杠晶闸管两端的电压超过其耐受电压后，将因过电压击穿为功率模块新的旁路电流路径。

131. 功率模块中的直流电容器的作用是什么？如何选型？

功率模块中的直流电容器起到存储能量、支撑母线电压、抑制电压波动等作用。直流电容器的选型主要包括：

1）电容值应满足模块化多电平换流器标准组件电压波动的要求。

2）额定工作电压通常应大于 1.1 倍的模块化多电平换流器标准组件的额定工作电压。

3）额定工作电流可根据工程设计的需求，并考虑一定的裕度进行选取。

132. 柔直功率模块中金属化聚丙烯薄膜电容器的优势是什么？

柔直功率模块中金属化聚丙烯薄膜电容器相对于其他结构的电容器具有强大的优势：

1）击穿场强高（平均值达 240V/μm），局部放电电压高，绝缘强度大。

2）介质损耗低（平均水平为 0.02%），有功消耗小（节能），发热低，而且运行温升低，产品寿命长。

3）比特性好（平均为 0.2g/var），可实现产品小型化、体积小、重量轻。

4）产品具有自愈功能，运行安全可靠。由于薄膜一旦击穿，击穿点的金属化电极可迅速挥发，自动恢复绝缘能力，从而确保产品长期可靠地工作。

5）可加工特性好，可以将产品做成各种形状，满足各种不同安装方式的需要。

133. 功率模块中自取能电源的作用是什么？

功率模块中自取能电源的主要功能为将功率模块中的直流储能电容器上的电压转换成低压，给单元控制板、驱动板、电压采样板及旁路接触器控制板供电。

134. 功率模块中的自取能电源有什么选型要求？

功率模块中的自取能电源在选型时需考虑工作电压的范围、输出电压、输电路数、起动时间、起动电压等。起动电压需要考虑换流阀直流充电时低电压的解锁需求，以满足功率模块的正常工作要求。

135. 功率模块中放电电阻的作用是什么？

功率模块中放电电阻的作用有两个方面：一是保证换流阀的自然均压特性；二是为换流系统停机后的功率模块提供放电通道，便于换流阀的检修与维护。放电回路的放电示意图如图 4-16 所示。

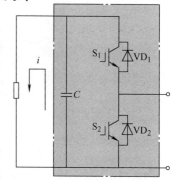

图 4-16 放电回路的放电示意图

136. 功率模块的放电电阻有什么选型要求？

功率模块的放电电阻在选型时应考虑放电时间及放电电阻的功率损耗，按照要求直流电容从运行电压放电到小于1%所需时间不超过某段时间 T 的原则，放电时间 $t=4.6RC$，即 $RC \leqslant T/4.6$。结合功率模块的电容值，可得到放电电阻允许的最大值；另外，从减小功率损耗的角度，电阻值不应选得过小，这样运行时的功率损耗 U^2/R 不会太大。在选定电阻值及额定功率后，还应考虑电阻器的阻值精度，最终确定电阻型号。

137. 功率模块中旁路开关的作用是什么？

功率模块中的旁路开关是指能够关合、承载和开断正常电流及规定的过载电流的开关装置。在功率模块中的主要作用是在模块自身发生故障时，通过控制其闭合，达到在系统上切除故障模块，同时提供一个新的电流流通路径的目的。

138. 柔直功率模块中旁路开关的结构及工作原理是怎样的？

柔直功率模块中旁路开关的布置方式采用高压主电路与低压控制电路上下布置方式。旁路开关主要由真空开关管、绝缘框架、不锈钢基座、绝缘子、手动分合闸机构、永磁操作机构等组成。真空管的导电杆通过调节螺钉与绝缘子连接，长螺杆一端连接绝缘子，另一端和永磁操作机构连接，在长螺杆上固定有手动分合闸机构。当要合闸时，线圈中通过一个正向脉冲电流并产生与永磁力相同方向的磁通，两磁场叠加产生的磁场力克服分闸弹簧力使得动铁心快速向静铁心吸合，带动真空开关管的动触头完成快速合闸，合闸完成后由永磁铁保持合闸状态。当要分闸时，仅用人力作用在分闸机构上即可实现分闸。旁路开关的实物图如图4-17所示，旁路开关的二次原理图如图4-18所示。

图4-17　旁路开关的实物图

139. 功率模块中的旁路开关有什么选型要求？

功率模块中的旁路开关在选型时，需要按 1.5 ~ 2 倍的裕量考虑旁路开关的额

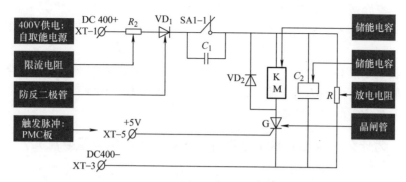

图 4-18 旁路开关的二次原理图

定电压，按照额定工作电流考虑额定电流，旁路开关的动作时间一般不大于 5ms。

140. 功率模块中电压传感器的作用是什么？

功率模块中电压传感器的作用是将运行中的电容电压转换成电流源，通过单元主控板的处理，实现对运行中功率模块电压的实时监测。

141. 如何选择功率模块中的电压传感器？

功率模块的直流侧电容电压值需要参与整个系统的闭环控制，信号测量的准确性至关重要，故在直流侧电容电压测量传感器的选择上应注意以下几点：

1）测量范围要满足功率模块的测量需要。

2）测量输出不易受到外界因素的干扰，可考虑采用电流型输出。

3）测量精度高、线性度好。

142. 功率模块内部有哪些控制板卡？

功率模块内部的控制板卡主要包括 IGBT/IEGT 驱动板、采样触发板、单元主控板等。

143. 功率模块中 IGBT 驱动板的作用是什么？

功率模块中的 IGBT 驱动板是主电路和控制电路之间的接口，负责将控制电路发出的开关信号转变成适合 IGBT 驱动的信号，对 IGBT 开关进行控制。同时，IGBT 的一些保护措施也往往设在驱动电路中。

144. 功率模块中 IGBT 驱动电路的基本功能是什么？

功率模块中 IGBT 驱动电路的基本功能为：

1）为 IGBT 提供适当的栅极正偏压和负偏压，使高压 IGBT 能可靠地开通和关断。

2）具有合适的栅极电阻。

3）提供足够大的平均功率和瞬时电流，使高压 IGBT 能及时迅速地建立栅控电场而导通。

4）提供足够高的输入输出电气隔离性能，使信号电流与栅极驱动电路绝缘。

5）具有尽可能小的输入输出延迟时间，以提高开关频率。

6）具备完善的保护功能。

▶ 145. 为什么说 IGBT 驱动电路对 IGBT 的运行具有重要意义？

IGBT 驱动电路的好坏决定 IGBT 的开关损耗，直接影响 IGBT 元件的可靠性，从而影响 IGBT 变流装置的可靠性，并决定 IGBT 装置的最大输出功率。

▶ 146. IGBT 驱动电路为 IGBT 模块设置了哪些保护？

IGBT 驱动电路为 IGBT 模块设置的保护类型如下：

1）两段 di/dt 保护：di/dt 保护存在于 IGBT 整个运行过程中，可以避免 IGBT 承受过大的 di/dt。同时该保护可以避免因为某种故障而导致的 IGBT 直通损坏。

2）四段退饱和保护：退饱和保护是在运行过程中，电流持续增大而超过某设定值时驱动电路采取的保护动作，故障后驱动电路将自行闭锁 IGBT。特别是二类退饱和保护，对于双极短路时 IGBT 电流慢变的故障特别有效。四段退饱和保护如图 4-19 所示。

在 IGBT 关断时，该驱动具有实时判断关断 du/dt 的作用。在不同阶段利用不同的退饱和保护来实施保护措施。

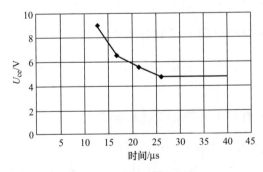

图 4-19　四段退饱和保护

3）有源钳位保护：驱动的有源钳位作用可以在 IGBT 关断时进行过电压保护。驱动可以在器件关断时快速输出正向电压来抑制集电极的电流变化率，从而抑制关断过电压。

4）供电电源欠电压保护：供电电源欠电压保护功能，当 IGBT 驱动供电电源低于某设定值时，驱动电路将自行闭锁 IGBT，并反馈状态。

5）触发脉冲间隔过窄保护：触发脉冲间隔过窄保护功能，当 IGBT 驱动接收到相邻两个脉冲间隔低于某设定值时，驱动电路将自行闭锁 IGBT，并反馈状态。

147. 功率模块中电压采样触发板的作用是什么？

功率模块中电压采样触发板的作用主要是实现电容电压的采样和测量，采样板通过电阻分压处理，将电容电压采样值转换至单元主控板可使用的电压范围，并送至 AD 芯片进行数模转换，从而实现对运行中功率模块电压的实时监测。

148. 功率模块中单元主控板的功能是什么？

单元主控板（PMC 板）是功率模块中的控制核心板块，功率模块内部器件的工作全部由单元主控板直接命令。单元主控板本身可与阀控系统进行信息交互，具体功能如下：

1）接收阀控命令进行 IGBT 开通和关断命令。

2）接收阀控命令进行旁路开关导通命令。

3）接收阀控命令进行晶闸管旁路开通命令。

4）反馈自取能电源状态至阀控。

5）反馈旁路开关状态至阀控。

6）反馈晶闸管状态至阀控。

7）发送 IGBT 开通和关断信号至 IGBT 驱动。

8）接收 IGBT 驱动反馈的 IGBT 状态信息。

149. 功率模块中单元主控板的结构是怎样的？

功率模块中单元主控板（Power Module Controller，PMC）的硬件架构如图 4-20 所示，主要包括以下几个方面：

1）PMC 供电：由高位自取能电源提供直流供电，并在 PMC 中配有多种电压转换模块，满足该板卡内部所有电压需求。

2）PMC 以 ALTERA 公司的 CPLD EPM1270T144I5 芯片作为核心，进行控制实施。

3）配有 AD 芯片进行直流电容电压采集。

4）具有 4 路光纤接口与 IGBT 上、下管驱动连接，用于发送控制信号和接收驱动反馈信号。

5）具有 2 路光纤接口与阀控相连，接收阀控发送的命令和发送功率模块状态信号给阀控。

6）具有旁路晶闸管电触发电路接口。

7）具有旁路真空接触器电触发电路接口，并留有真空接触器回报信号接口。

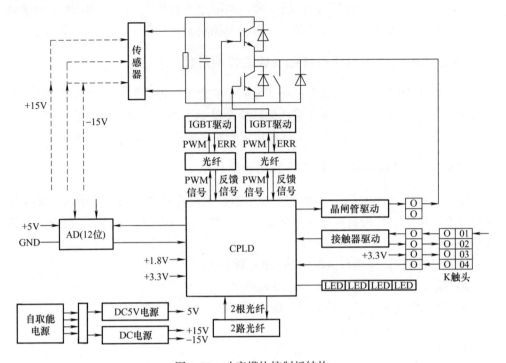

图 4-20　功率模块控制板结构

150. 功率模块额定电压的设计依据及流程是怎样的？

功率模块额定电压的设计依据为：
1）直流电容器电压纹波。
2）关断电压尖峰。
3）功率模块旁路电压。
4）失效率与电压的关系。
5）功率模块保护定值。
功率模块额定电压的设计流程如图 4-21 所示。

151. 功率模块额定电流的设计依据及流程是怎样的？

功率模块额定电流的设计依据为：
1）流经换流阀功率模块内部上、下管器件的有效值电流。
2）流经换流阀功率模块内部上、下管器件的暂稳态峰值电流与持续时间。
3）开关频率。
功率模块额定电流的设计流程如图 4-22 所示。

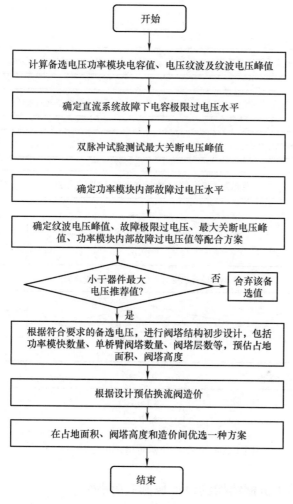

图 4-21　功率模块额定电压的设计流程图

152. 功率模块内部元器件的损耗主要有哪些？

功率模块内部元器件的损耗主要包括：

1）IGBT 模块损耗：IGBT 模块损耗由通态损耗和开关损耗组成。通态损耗是由 IGBT 和二极管的通态电流、饱和压降和通态特性决定。开关损耗是由 IGBT 和二极管在开关过程中电压与电流有重叠导致的，存在开关能耗和反向恢复能耗。

2）放电电路损耗：是指阀在稳态、开通和关断期间，加在阀两端的交流电压经放电电容耦合到放电电阻上所产生的损耗。

3）模块电容器损耗：由电介质损耗和金属损耗组成。

4）其他损耗：取能电源、控制器、驱动电路等电源和相关板卡的损耗。

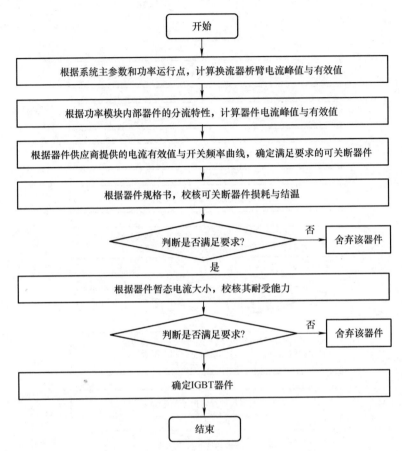

图 4-22 功率模块额定电流的设计流程图

153. 功率模块机械结构的设计原则有哪些？

功率模块在设计过程中有以下原则：

1) 采用标准化的模块设计。
2) 有一定的防爆能力。
3) 有一定的防漏水能力。
4) 高等级抗干扰能力。
5) 7.0 级抗振能力。
6) 使用的绝缘材料都是要经过验证的防火材料。
7) 辅助零部件的数量少，使故障率降低，维修简便。

154. 功率模块壳体的组成和作用是什么？

功率模块壳体主要由底板、钣金支撑件、水冷板、外壳等组成。各组成部分的作用如下：

1）底板是一个槽型钣金件，是整个功率块的结构基础，主要作用是将所有的器件安装于底板，设计为空槽的主要作用是搬运和拆卸方便。

2）钣金支撑件是壳体的主要组成部分，主要作用是固定电子元器件，并将所有元器件隔离在相互独立的空间内，杜绝器件间相互干扰。

3）水冷板是铝型材，是通过螺栓固定于支撑件上，其主要作用是带走 IGBT 及均压电阻的热量，水冷板是主要的受力件，IGBT 和部分钣金支撑件固定于其上。

4）外壳主要是钣金件，左右外壳是通过螺钉固定于壳体四周。外壳的作用：第一，保护功率模块中的电子元器件不受相邻模块的电磁干扰；第二，防爆作用，在 IGBT 爆炸后，不影响自身旁路开关的工作，也不影响相邻功率模块的性能；第三，防止功率模块外侧灰尘进入模块内部；第四，增强了模块的强度，对内部器件起到保护作用。

155. 功率模块电气连接件的组成及作用是什么？

功率模块电气连接件主要由复合母排和晶闸管压装件组成。复合母排将电容、IGBT、旁路开关及晶闸管连为一体，具有杂散电感小、使用寿命长、接触电阻小等优点。晶闸管压装装置主要由垫块、压板、螺杆和碟弹垫圈组成。两个压板和两根螺杆将晶闸管支撑并固定起来。晶闸管压装件使用 45-65KN 压紧力，确保晶闸管每个接触面都必须保证良好的接触，以保证散热和电连接。

156. 提高功率模块可靠性的措施有哪些？

提高功率模块可靠性的措施主要有：

1）功率模块中的功率器件具有短路失效模式运行能力。

2）增加换流阀功率模块冗余度，保证在两次计划检修之间（不小于 12 个月）的运行周期内满足设备稳定运行的要求。

3）功率模块应考虑安全措施，保证功率模块内部旁路开关拒动、取能电源失效和控制功能失效等各类故障后，能够最终呈现长期可靠的短路状态，在换流阀起动和运行的全过程中，不因单一功率模块原因导致停运。

157. 功率模块需要长期跟踪的运行指标是什么？

功率模块需要长期跟踪的运行指标如下：

1）损耗率：损耗率升高可能反映功率器件导通压降水平的升高或者开关损耗的升高。

2）开关频率：开关频率的变化可以反映功率模块电容器容值的整体变化情况。

3）桥臂电容电压平均值波动：如果换流阀功率模块电容容值出现整体衰减，

则反映为桥臂电容的平均储能能力降低，会导致功率模块电容电压平均值波动的升高。

4）功率模块故障率：功率模块是构成换流阀的基本单元，也是最小的冗余单元。通过长期监测其故障率，可以直接反应换流阀整体的健康水平。

158. 如何确定柔直换流阀功率模块的冗余度？

在换流阀中，除了耐受规定试验电压的模块化多电平换流器标准组件的串联数量，还应考虑模块化多电平换流器标准组件的冗余数。规定的冗余度 F_r 应保证在两次计划检修之间（不小于 12 个月）的运行周期内，单个桥臂的模块化多电平换流器标准组件的损坏数量不应超过模块化多电平换流器标准组件的冗余数。

冗余度 F_r 的计算公式为

$$F_r = N_r / (N_t - N_r)$$

式中，N_t 为单个桥臂中，串联连接的模块化多电平换流器标准组件总数；N_r 为单个桥臂中，串联连接的模块化多电平换流器标准组件的冗余数。

第三节　桥臂电抗器

159. 桥臂电抗器的功能有哪些？

桥臂电抗器是柔性直流换流站的核心设备，它是电压源换流器与交流系统之间传输功率的纽带。主要功能如下：

1）桥臂电抗器能抑制换流阀输出的电流和电压中的谐波量，从而获得期望的基波电流和基波电压，起到滤波的作用。

2）在系统正常运行时，由于三相桥臂电压不平衡，桥臂间会产生环流，桥臂电抗器能限制 MMC 三相桥臂之间的环流。

3）当系统发生扰动或短路时，可以抑制电流上升率和限制短路电流的峰值。当 MMC 系统中的直流母线（供电侧）发生短路故障时，会产生相当大的短路电流，桥臂电抗器能有效地减小内部或外部故障时的电流上升率。

160. 桥臂电抗器的参数设计需要考虑哪些因素？

桥臂电抗器的参数设计需要考虑以下五个方面的因素：

1）交流电流纹波限制。

2）电流跟踪速度限制。

3）四象限运行限制。

4）桥臂环流电流抑制。

5）直流短路故障电流上升率限制。

161. 桥臂电抗器的主要性能参数有哪些？

桥臂电抗器的主要参数包括：电感参数（额定电感、电感量允许误差）、电压参数（额定电压、最高运行电压）、频率（额定频率）、电流参数（额定交流电流、额定直流偏置电流、最大持续运行电流、过负荷电流、暂态电流、谐波电流频谱）、绝缘水平（端间、端对地的工频耐受电压、操作冲击耐受电压、雷电冲击耐受电压）、噪声级、损耗（包括负载损耗和杂散损耗如谐波损耗和电磁损耗）、温升（包括绕组平均温升、热点温升和热点温度，要求在最高环温和各种负荷情况下满足温升限值）、绝缘材料耐热等级、试验参数等。

162. 桥臂电抗器有哪些类型？一般采用哪种类型？

柔性直流输电系统桥臂电抗器主要分为干式空心和油浸式带铁心两种类型。一般来讲，电抗器可以使用常用的规格设计，没有特殊的要求。但为了减少传送到系统侧的谐波，电抗器上的杂散电容应该越小越好。同时换流阀在每个开关过程中的 du/dt 较大，由于杂散电容的作用会产生一个电流脉冲，此脉冲会对换流器阀产生很大的应力，因此在柔性直流输电系统中应该尽量使用干式空心电抗器而不能使用油浸式带铁心的电抗器。

163. 桥臂电抗器的线圈结构是怎样的？

桥臂电抗器的线圈是由多层圆筒式包封并联组成，采用单根绝缘组合膜包矩形换位铝绞线绕制，线层内外用 F 级配方环氧树脂浸渍无碱玻璃丝包绕形成一个包封，导线在线圈内为单层整根绕制，没有接头，外引出线全部利用氩弧焊焊接到星形架上。用环氧玻璃纤维带将金属星架和线圈包封进行垂直绑扎，经高温固化成型，成为一个牢固的整体。这种结构使导线被环氧树脂等绝缘材料密封在一个隔绝空气的环境中，不受外部恶劣环境条件的影响，减缓匝间绝缘材料的老化。环氧包封层和垂直绑带使线圈具有很好的整体性和机械强度，使得产品可有效控制高次谐波产生的噪声，并赋予线圈足够的抗动稳定性能。

164. 桥臂电抗器的型式试验项目有哪些？

柔性直流输电系统桥臂电抗器的型式试验项目有：外观检查、直流电阻测量、交流等效电阻测量、电抗测量、损耗测量、端对端雷电冲击全波试验、绕组匝间耐压试验。

165. 桥臂电抗器的例行试验项目有哪些？

柔性直流输电系统桥臂电抗器的例行试验项目有：
1）温升试验。

2）端对端雷电截波冲击试验。

3）端对地雷电全波及截波冲击试验。

4）端对地操作冲击试验。

第四节　柔直换流阀试验

▶ 166. 柔直换流阀的型式试验有哪些项目？

柔直换流阀的型式试验包括运行试验和绝缘试验。运行试验项目包括：最大持续运行负载试验、最大暂时过负荷运行试验、最小直流电压试验、IGBT 过电流关断试验、短路电流试验、阀抗电磁干扰验证试验。绝缘试验项目包括：阀支架交流电源试验、阀支架直流电压试验、阀支架操作冲击试验、阀支架雷击冲击试验、阀端间交流-直流电压试验、阀端间操作冲击试验、阀端间雷电冲击试验。

▶ 167. 柔直换流阀的出厂试验有哪些项目？

柔直换流阀的出厂试验项目包括：外观检查、接线检查、均压电路检查、控制保护和监测电路检查、压力检查、直流耐压试验、开通和关断试验、局部放电试验。

▶ 168. 柔直换流阀的现场交接试验有哪些项目？

柔直换流阀的现场交接试验项目包括：外观检查、接线检查、压力试验、阀支架绝缘试验、光纤损耗测量、阀级功能试验。

▶ 169. 柔直换流阀最小直流电压试验的目的是什么？

柔直换流阀最小直流电压试验的目的是检验换流阀以及相关电子电路在最小直流电压运行工况下的正常工作能力。

▶ 170. 柔直换流阀最大连续运行负载试验的目的是什么？

柔直换流阀最大连续运行负载试验的目的是检验在运行状态下以及在最严格重复性应力作用的开通和关断状态下，换流阀中阀段及相关的电子电路是否能承受相应的电流、电压和温度应力。

▶ 171. 柔直换流阀最大暂态运行能力试验的目的是什么？

柔直换流阀最大暂态运行能力试验的目的是验证换流阀在最大暂态过负荷运行条件下的开通和关断过程中，换流阀阀级以及相关的电子电路是否能承受相应的电流、电压和温度应力。

172. 柔直换流阀过电流关断试验的目的是什么？

柔直换流阀过电流关断试验的目的是检验在发生特定短路故障或误触发条件下换流阀承受关断电流和电压应力的能力，尤其是 IGBT 及相关电路。

173. 柔直换流阀短路试验的目的是什么？

柔直换流阀短路试验的目的是验证在特定的短路故障下功率器件及相关电路能否可靠动作。在短路试验中功率模块的电压、电流、du/di 及 di/dt 的最大值应满足设计要求，并在器件的安全裕度内。

174. 柔直换流阀故障旁路试验的目的是什么？

柔直换流阀故障旁路试验的目的是验证功率模块在故障时到功率模块被旁路期间，功率模块的旁路开关能否及时有效地触发，使功率模块可靠旁路。试验过程中各功率器件上电压、电流的最大值应满足设计要求。

175. 柔直换流阀 EMC 试验的目的是什么？包括哪些试验项目？

柔直换流阀 EMC 试验的目的是验证功率模块抵抗从内部产生及外部强加的电压和电流引起的电磁干扰（电磁扰动）的能力。试验项目：
1）静电放电抗扰度检验。
2）射频电磁场辐射抗扰度检验。
3）电快速瞬变脉冲群抗扰度检验。
4）射频场感应的传导骚扰抗扰度。

176. 柔直功率模块例行试验的目的是什么？包括哪些试验项目？

柔直功率模块例行试验的目的是检验功率模块制造的正确性和可靠性。例行试验包括：
1）外观检查：检查功率模块的外观和部件安装是否正确、完好无损。
2）连接检查：检查功率模块主要的载流接线是否正确。
3）压力检查：连接好功率模块的水路，给功率模块通水流，检查功率模块全部冷却管路是否有阻塞，泄漏或渗水现象。
4）耐压检查：检验功率模块能否耐受对应于阀规定的最大值电压。对功率模块施加规定的直流试验电压，功率模块在试验过程中应无任何击穿或闪络现象。
5）最小直流电压试验：验证功率模块中从直流电容取能的板卡电子设备性能。
6）最大连续运行负荷试验：检验功率模块中功率器件在最大持续运行负荷时的电压、电流耐受能力。

7）最大暂时过负荷运行试验：检验功率模块的最大暂时过负荷运行能力。

8）电磁兼容试验：验证功率模块的抗电磁干扰能力。

9）功率模块内部板卡老化试验。

177. 柔直功率模块的运行试验项目有哪些？

柔直功率模块的运行试验项目主要包括：功率模块直流电容过电压保护试验、功率模块直流电容欠电压保护试验、功率模块取能电源故障保护试验、功率模块驱动故障保护试验。IGBT 直通保护测试、功率模块对外通信试验、功率模块模拟量输入和 I/O 采集试验、功率模块各元件入厂运行试验。

第五章 ◐ 联接变压器

第一节　联接变压器本体及配件

◐ 178. 柔性直流变压器在柔直系统中的特性是什么?

柔性直流变压器（简称柔直变压器，也叫联接变压器）的性能要求与柔性直流输电系统的设计密切相关，由于柔直换流器可用单极/双极等多种接线方式，换流器可连接单组变压器或通过串并联方式连接多组变压器，柔直变压器也可能直接或通过电抗器、滤波器等其他设备间接连接于换流器。多样化的换流器结构、接线方式以及调制控制策略使得柔直变压器在设计选型、技术规范和试验要求等方面既可能相似于常规换流变压器，也可能相似于常规电力变压器，同时在联结组别、中性点接地方式、承受的运行电压、电流及技术性能、试验方法等方面又有特殊的考虑。

◐ 179. 柔直输电系统对称单极接线方式和对称双极接线方式对柔直变压器的要求的区别是什么?

柔直输电系统对称单极接线方式要求的配套交流设备和联接变压器数量较少，但额定电压高，柔直变压器和阀侧交流设备无直流偏置电压，与常规电力变压器相似。

对称双极接线方式要求的配套交流设备和联接变压器数量较多，额定电压等参数较低，但柔直变压器和阀侧交流设备正常运行时需要长期承受直流偏置电压。

◐ 180. 鲁西柔直联接变压器的作用是什么?

作为鲁西柔性直流单元与交流系统之间的联接纽带，联接变压器是柔性直流输电系统的核心部件。对称单极接线的柔性直流换流站采用的联接变压器与交流变压器的结构、功能类似，它向换流阀提供适当等级的电压源，与阀一起实现交流与直流之间的转换，主要作用包括：

1）改变电压，对交流系统提供的电压进行变换，使换流器工作在最佳电压范围内以减少谐波，并使得换流器的调制比在合适的范围内。

2）实现交直流电气隔离。

3）在交流系统和换流站之间提供换流电抗。

4）为柔直系统提供接地点，对称单极结构的 MMC 直流侧没有独立电容器，无法引出明显接地点，一些工程考虑利用联接变压器提供接地点。

5）抑制短路电流上升速度，防止过大的故障电流损坏换流阀。

181. 鲁西柔直联接变压器的运行工况及性能要求是什么？

鲁西柔直联接变压器的运行工况及性能要求有以下特点：

1）正常运行时不能忽略流过联接变压器的谐波，具体谐波值跟换流阀的拓扑有关。

2）由于 VSC 具有四象限运行特性，联接变压器的最大运行电压选取要综合考虑 4 种运行状况。

3）阀侧应能承受换流阀换相开断过程中的高频暂态电压，对称双极接线方式承受直流电压。

4）对称单极接线方式下发生单极接地故障时，具备承受短时直流偏置电压的能力。

182. 鲁西柔直联接变压器的特性是什么？

1）谐波特性：正常运行时流过联接变压器的谐波不能忽略，采用两电平或三电平的柔性直流输配电系统的谐波含量较大，通常需配置交流滤波器，但在基于 MMC 的柔性直流输电系统中的谐波含量非常低。

2）运行电压选取：由于电压源换流器（VSC）的四象限运行特性，即可以工作在吸收或发出有功、无功的 4 种状态，联接变压器最大运行电压的选取需要综合考虑 4 种运行状态、分接开关的档位偏差和系统电抗设计偏差；联接变压器阀侧应能承受换流阀换相开断过程中的高频暂态电压，在对称双极接线方式下，还需和换流变压器一样长期承受直流电压；当对称单极柔性直流输电系统发生单极接地故障时，联接变压器阀侧绕组和套管应具备承受短时直流偏置电压的能力。为了使换流站能够运行在最优的功率状况下，可以在变压器的二次侧绕组加上分接头。通过调节分接头来调节二次侧的基准电压，进而获得最大的有功和无功输送能力。

3）漏磁特性：由于电压源换流器在运行中会产生特征谐波电流和非特征谐波电流，这些谐波经过相电抗器后仍有一部分会流过变压器的绕组，因此在变压器制造时要考虑对可能有较强漏磁通过的部件用非磁性材料制作或采用磁屏蔽措施。由于铁心的磁滞伸缩，会使变压器发出噪声，因此在必要的时候还需要采用如 BOX-IN 等一类隔音措施。

183. 柔直联接变压器阀侧空载电压的确定原则是什么？

阀侧绕组额定电压（即阀侧空载电压）由换流器直流电压、变压器短路阻抗、桥臂电抗以及换流器的调制比等因素共同决定，根据工程经验，阀侧额定线电压一般约为额定直流电压的 1.00 ~ 1.05 倍。比如鲁西柔直联接变压器的阀侧额定电压为 375kV，额定直流电压为 350kV。

184. 鲁西柔直联接变压器的结构及配置是怎样的？

鲁西柔直联接变压器的外部结构及内部结构如图 5-1 所示，按结构可分为：三相三绕组式、三相双绕组式、单相双绕组式和单相三绕组式四种。但是在直流工程中选用哪一种变压器，是由联接变压器交流及直流侧的系统电压要求、变压器容量、运输条件以及换流站布置的要求等因素进行综合考虑而定的。

鲁西换流站柔性直流单元共有 7 台联接变压器，云南侧、广西侧各配置 3 台，1 台备用。联接变压器为单相双绕组，采用星型接线（Ynyn0），网侧直接接地，阀侧经过一个电阻（5000Ω）接地，额定容量为 375MVA。采用重庆 ABB 公司生产的 DFPZ-375000/500 型号单相双绕组变压器，电压比为 525//375/kV，采用有载调压方式，分接头档位为 – 4 ~ 4 档，每档调压比例为 1.25%。冷却方式为 ODAF（强迫油循环风冷），短路阻抗为 14%，在网侧采用直接接地，给交流系统提供零序电流通路，在阀侧则采用经接地电阻接地，有效抑制零序电流。

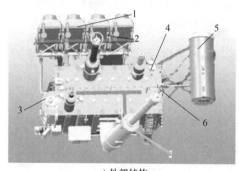 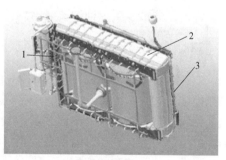

a) 外部结构

1—冷却器 2—油泵 3—有载分接开关 4—压力释放阀
5—储油柜 6—气体继电器

b) 内部结构

1—调压引线 2—高压侧引线 3—铁心接地

图 5-1 鲁西柔直联接变压器的外部结构及内部结构

185. 鲁西柔直联接变压器的套管结构及其作用是什么？

鲁西柔直联接变压器的套管将变压器内部高、低压引线引到油箱外部，不但作为引线对地绝缘，而且担负着固定引线的作用，是变压器载流元件之一。在变压器运行中长期通过负载电流，当变压器外部发生短路时通过短路电流。联接变压器网侧高压套管及中性点套管采用合肥 ABB 公司生产的油纸绝缘电容式套管，阀侧高压套管及中性点套管采用沈阳传奇公司生产的油纸绝缘电容式套管，套管与本体通过升高座连接，升高座的内部安装有 CT。

186. 鲁西柔直联接变压器的冷却器配置及其作用是什么？

鲁西柔直联接变压器有 4 组冷却器，每组冷却器包括 4 个风扇和 1 台油泵，采用强迫油循环风冷的冷却方式。由变压器油泵将变压器油箱上部的热油送入冷却器，使之流过联接变压器的热冷却管，再从变压器的下部送回油箱。当热油在冷却管流动时，将热量传给冷却管，再由冷却管对空气放出热量。在空气侧由变压器风扇将空气吸入，使之流过管簇，吸收热量，然后从冷却器的前方吹出。目前冷却器风扇采用定频和变频两种控制方式。联接变压器冷却系统控制模式分自动和手动两种模式，通过就地控制箱内的手自切换把手控制。手动控制模式下，风机按最大转速运转（900r/min）。联接变压器正常运行时在自动控制模式，在自动控制模式下冷却器由 PLC 进行变频控制。

187. 鲁西柔直联接变压器冷却器油流继电器的工作原理及其作用是什么？

鲁西柔直联接变压器冷却器油流继电器安装在变压器的冷却回路上，用于显示变压器强迫油循环冷却系统内的油流量变化，监视强油循环冷却系统的油泵运行情况，如油泵转向是否正确，阀门是否开起，管路是否有堵塞等情况，当油流量达到动作油流量或减少到返回油流量时均能发出报警信号。

188. 鲁西柔直联接变压器轻瓦斯保护的配置及其工作原理是怎样的？

当在联接变压器油箱内发生故障（包括轻微的匝间短路和绝缘破坏引起的经电弧电阻的接地短路）时，由于故障点电流和电弧的作用，将使联接变压器油及其他绝缘材料因为局部受热而分解产生气体，因气体比较轻，它们将从油箱流向储油柜的上部，并会有部分驻留在瓦斯继电器内，直到使得轻瓦斯动作发出报警。瓦斯继电器示意及实物图如图 5-2 所示。

189. 鲁西柔直联接变压器重瓦斯保护的配置及其工作原理是怎样的？

当联接变压器油箱内发生严重故障时，将产生电弧使变压器油会迅速膨胀并产生大量的气体，此时将有剧烈的气体夹杂着油流冲向储油柜的上部，对瓦斯继电器造成冲击，重瓦斯保护跳闸出口。

190. 鲁西柔直联接变压器压力释放装置的配置及其工作原理是怎样的？

当联接变压器出现内部故障时，由于绕组过热，使一部分变压器油汽化，变压

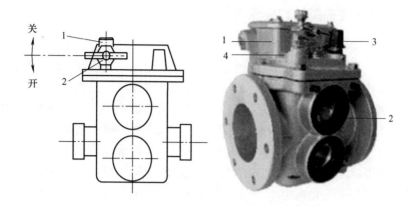

图 5-2　瓦斯继电器示意及实物图

1—接线盒：内有辅助接点　2—观测窗：打开后透过玻璃可以看到瓦斯继电器内的情况

3—动作按钮：摁下后可以动作瓦斯继电器，发出告警或跳闸信号

4—取气阀：取出瓦斯继电器内搜集的气体

器油箱内部压力迅速增加时，压力释放阀迅速动作，保护油箱不变形或爆裂并发出切除变压器告警信号。正常情况下，压力释放阀内的弹簧将阀压住，当联接变压器的本体或分接开关油箱的油压大于压力释放阀起动压力时，油就会喷出，当油压小于压力释放阀关断压力时，压力释放阀就会回归原位。动作后，发出跳闸信号（实际运行过程中改为"告警"）。压力释放阀如图 5-3 所示。

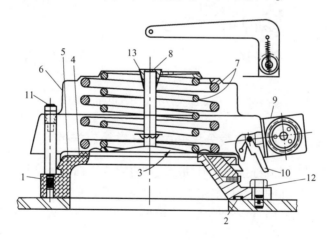

图 5-3　压力释放阀

1—安装法兰　2—密封垫　3—动作盘　4、13—橡胶密封垫　5—接触式密封垫

6—外罩　7—弹簧　8—机械指示杆　9—报警开关　10—手推复位杆

11—螺钉　12—六角螺栓

191. 有载分接开关的切换原理是怎样的?

有载分接开关的操作原理是分接选择器和切换开关的组合。分接转换分两步进行:与工作抽头相邻的抽头可以由分接选择器不带电流预先选定,然后切换开关将负载电流从工作抽头转换到预选抽头。开关两侧的过渡电阻值通常是一样的,两个抽头间的杂散电抗很小,可忽略不计。在切换开关的初始位置,断开侧的主通断触头和过渡触头是闭合的。主通断触头断开,电弧熄灭后,触头两端的恢复电压等于由负载电流流过过渡电阻的电压降。无论负载的功率因素是多少,电力变压器的恢复电压和负载电流总是同相的。在闭合侧的过渡触头闭合后,负载电流由两个过渡电阻平分,而循环电流是级电压通过两个串联过渡电阻引入。紧接着,断开侧的过渡触头断开一半负荷电流加上循环电流。电弧熄灭后,恢复电压等于级电压与由负载电流在过渡电阻上电压降的矢量总和。有载分接开关示意图及电路示意图如图5-4所示。

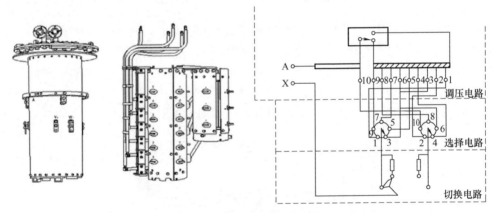

图5-4　有载分接开关示意图及电路示意图

192. 柔直联接变压器有载分接开关的分类是怎样的?

柔直联接变压器有载分接开关有油浸式和真空式。油浸式分接开关的切换开关完全泡在油中,依靠油的绝缘性能来熄灭主触头电弧。真空分接开关的切换开关虽然泡在油中,但使用密闭真空泡熄弧,体积小、维护量少,灭弧性能好且不易引起油碳化。

193. 有载分接开关的选型要求是什么?

有载分接开关选型时应重点考虑直流偏磁与系统谐波对其开断性能的影响,采取避免绝缘劣化、局部过热、局部放电的措施。应采用油中灭弧或真空灭弧方式。有载分接开关采用多台或多柱并联运行时,应采用强制均流措施。应满足在

GB1094.1《电力变压器 第1部分：总则》规定的谐波电压和谐波电流含量下正常安全运行和操作的能力，并应根据系统运行要求选择分接范围和档位。

194. 什么是真空有载分接开关？其分类方式是怎样的？

真空有载分接开关是指采用真空灭弧室开断和接通负载电流与循环电流的有载分接开关，分接开关的本体绝缘介质为绝缘油或气体。按照有无主触头分类，可以分为有主触头的和无主触头的真空有载分接开关；按照绝缘介质分类，可以分为油绝缘真空有载分接开关和空气绝缘有载分接开关以及六氟化硫绝缘真空有载分接开关。

195. 采用真空有载分接开关的优点是什么？

真空有载分接开关不仅绝缘强度高，而且绝缘性能恢复速度极快，可高达$10kV/\mu s$。即使电流和恢复电压间的相角很大，也可以确保触头在电流第一个半波之内切断。常规有载分接开关的维护时间间隔由开关的操作次数或运行时间来定，由于换流变压器的调节范围大，控制方式特别，有载分接开关的操作次数很高，维护时间间隔很短。使用真空技术，免维护操作次数可高达30万次或15年，比使用常规开关要多2~3倍，大大提高了变压器的可用率，显著降低了运行成本。另外，设计开发联接变压器时，考虑到提高单位功率的要求，加上承受电压的增加，设计时需要更大的空间，以满足绝缘的要求。真空有载分接开关优化了容量配置，节省了空间，降低了重量，为这种开发提供更多的灵活性和可能性。

196. 鲁西柔直工程联接变压器有载分接开关的结构及控制方式是怎样的？

鲁西柔直工程联接变压器采用油浸电阻式有载分接开关。油浸电阻式有载分接开关由调压回路、选择电路、过渡电阻、驱动和控制电路及各种保护装置等构成。

1）调压回路：正、反励磁调压回路的调节范围较大（15%以上），一般用于电压等级较高的变压器。正、反励磁调压回路在每相都设基本绕组和调压绕组，分接头从调压绕组抽出。调压绕组与基本绕组正接或反接，使两个绕组铁心内产生的磁通B_1和B_2相加或相减，从而改变一、二次绕组的匝数比，实现电压的调节。采用正、反励磁调压回路使得在相同的调压绕组上的调节范围增加了一倍。

2）选择电路：选择电路是调压回路的一部分，其任务是选择绕组分接头的位置。选择分接头位置的装置称为分接头选择器。另外在正、反励磁调压回路中还有极性选择器。选择电路中要求在不带负载的情况下选择分接头，因此分接头选择器的触头对应分接头的编号分单、双数两组。当双数组动触头带负载运行时单数组动触头可在不带负载的情况下选择相邻的分接头。因为不会引起电弧，选择电路的触头无须置于专门的油箱中。

3）过渡电路及切换开关：为了保证在切换分接头过程中负载中的电流不间断，在切换过程中必然发生调压绕组局部桥接现象，为限制被桥接绕组的循环电流不致过大，必须串入电阻（过渡电阻）。在选择器选好分接头，最终完成相邻分接头之间快速切换的装置称为切换开关。它由动触头、静触头、过渡电阻、快速动作机构等部件组成。由于在切换过程中有电弧产生，所以这些部件都装在密封良好的独立油箱中。电弧高温（2000～3000℃）使油分解，产生可燃性气体和游离碳微粒，电弧烧蚀触头，使触头损坏并产生金属微粒，导致绝缘油的颜色变黑，绝缘水平下降，所以专门配备了滤油装置。

▶ 197. 鲁西柔直联接变压器有载分接开关的作用是什么？

鲁西柔直联接变压器有载分接开关的控制分为两种：
1）以阀侧电压为目的调节。
2）以调制比为目的调节。
主要有以下 3 种功能：
1）维持阀侧直流电压恒定不变，补偿交流系统电压变化。
2）将换流阀的控制角保持在最佳范围。
3）实现直流系统的降压运行。

▶ 198. 柔直变压器进线断路器选相合闸的原理是什么？

一般认为变压器在电压最大时其电压变化率最小，可能导致的励磁涌流最小。因此，柔直变压器进线断路器合闸策略一般为：A 相电压最大时合 A 相，延时 T/4 合 BC 相。

▶ 199. 鲁西柔直联接变压器的温度测量装置配置及工作原理是怎样的？

鲁西柔直联接变压器油温和绕组温度的测量装置为指针式温度计。温度测量部分主要由温度传感器、毛细管和压力单元构成。位于变压器顶端的温包充 2/3 油，先将温度传感器装入热电耦温度计套管中，再把套管装入温包。当变压器油温有变化时，温包中油的温度也上升，套管中的温度传感器由于周围温度的升高，其中的液体膨胀，将压力的改变传给毛细管，毛细管又传给指示轴，从而引起指示轴的转动，在温度表上的指针就会指示相应的温度值。

当被测变压器油温发生变化时，温包内的介质体积随之线性变化，这个体积增量通过毛细管的传递使波纹管产生一个相对应的位移量。这个位移量经机构放大后便可指示被测变压器油温并驱动微动开关输出电信号。压力式温度计不需要配备工作电源，利用工作介质热胀冷缩的原理进行工作。电网断电时也能准确地反映变压器的温度状况，为故障分析提供现场数据。

鲁西柔直联接变压器采用 AKM 系列油温表（见图 5-5）其由弹性波纹管、毛细管和温包等组成一个全密封系统，利用这密闭系统内部所充的感温介质受温度变化而产生压力变化的特点，使弹性波纹管端部产生角位移来带动指针指示被测温度值。

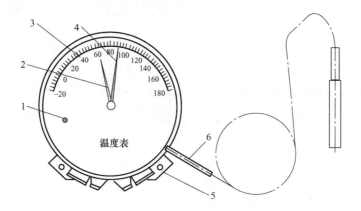

图 5-5　温度测量装置示意图

1—调节螺钉　2—指正读数器　3—刻度盘　4—最大指针读数器
5—固定底盘　6—毛细管

200. 鲁西柔直联接变压器储油柜的结构及工作原理是怎样的？

鲁西柔直联接变压器储油柜的主要作用有：

1）为变压器油的热胀冷缩创造条件，使变压器油箱在任何气温及运行状况下均充满油。

2）变压器油仅在储油柜内通过吸湿器与空气接触，与空气接触面减少，使油的受潮和氧化机会减少。

3）储油柜的油在平时几乎不参加油箱内的循环，它的温度要比油箱内的上层油温低得多，油的氧化过程也慢得多，因此有了储油柜，可以防止油的过速氧化。

4）变压器油从空气中吸收的水分将沉积在储油柜底部集污器内以便定期放出，使水分不会进入油箱。储油柜安装在主变油箱上面，通过管道经气体继电器、蝶形阀与油箱连通。主变储油柜提供了由于主变运行发热而导致油体积膨胀的储存空间，并且大大缩小油与空气的接触面，降低了浸泡在油中的纤维老化程度。储油柜装有与大气连通的管子，该管下端装有吸湿器。储油柜内采用胶囊密封的办法来减小油与大气的接触面积，一般有胶囊袋密封和隔膜式密封两种方式。储油柜的结构示意图如图5-6所示。

201. 鲁西柔直吸湿器的工作原理是什么？

鲁西柔直吸湿器的主要作用为吸附空气中进入储油柜胶袋、隔膜中的潮气，清除和干燥由于变压器油温的变化而进入变压器（或互感器）储油柜的空气中的杂物和潮气，以免变压器受潮，以保证变压器油的绝缘强度，它主要起到过滤和净化

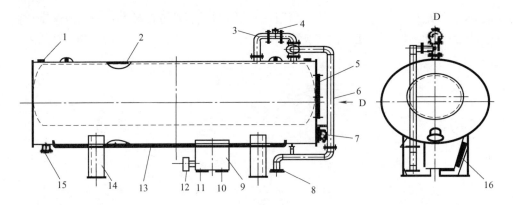

图 5-6 储油柜的结构示意图

1—放气塞 2—胶囊 3—抽真空联管 4—真空阀 5—人孔 6—抽真空及接吸湿器联管

7—指针式油位表 8—抽真空法兰 9—集气盒 10—放气管 11—注、放油管

12—φ80 蝶阀 13—安全杆 14—柜脚 15—积污盒 16—视察窗

空气的作用。当变压器受热膨胀时，吸湿器呼出变压器内部多余的空气；当变压器油温降低收缩时，吸湿器吸入外部空气。当吸入外部空气时，储油盒里的变压器油过滤外部空气，然后硅胶将没有过滤去的水分吸收，使变压器内的变压器油不受外部空气中水分的侵入，使其水分含量始终在标准以内。吸湿器的底部装有带油的玻璃容器（集油器）防止干燥剂直接接触潮湿空气，过滤进入储油柜的空气。吸湿器实物及示意图如图 5-7 所示。

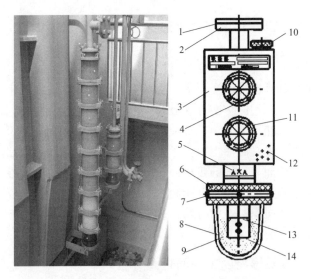

图 5-7 吸湿器实物及示意图

1—盖板 2—安装法兰 3—大净化室 4—观察窗 5—净化室连接器

6—底座 7—密封封垫 8—紧固螺钉 9—小净化室 10—吸湿材料注入口

11—吸湿材料排放口 12—吸湿剂 13—油面警戒线 14—变压器油

202. 鲁西联接变压器应执行的反事故措施有哪些？

目前鲁西联接变压器应执行的反事故措施包括：

1）变压器气体继电器应配置耐腐蚀材质的防雨罩，避免接点受潮误动。

2）有载分接开关应配备油流继电器用于变压器跳闸。

3）直流侧套管末屏接点须可靠牢固，套管末屏与地电位之间连接不宜采用螺柱弹簧压紧结构，并应方便实验。

4）变压器压力释放阀的动作接点应接入信号回路，不得接入跳闸回路。

5）防止变压器冷却系统故障导致变压器跳闸停电，强迫油循环变压器的冷却器必须有两个互相独立的冷却系统电源，并装有自动切换装置，定期切换试验信号装置应齐全可靠。

6）联接变压器绝缘油进行颗粒度控制，联接变压器投运前颗粒度控制在 100mL 油中大于 5μm 的颗粒数不大于 1000 个。

第二节　联接变压器电气试验要求

203. 柔直变压器的试验项目有哪些？

柔直变压器的试验包括例行试验、型式试验和特殊试验。

204. 鲁西柔直联接变压器的例行试验项目有哪些？

例行实验应在所有的柔直变压器上进行，试验项目包括：绕组电阻测量、电压比测量和连接组标号检定、短路阻抗和负载损耗测量、空载损耗和空载电流测量、绕组对地及绕组间直流绝缘电阻测量、绝缘例行试验、有载分接开关试验、变压器压力密封试验、内装电流互感器变比和极性试验、变压器铁心和夹件绝缘检查、绝缘液试验、绕组对地和绕组间电容测量、绝缘系统电容的介质损耗因素测量、除分接开关外的每个独立油室绝缘液中溶解气体测量、在90%和110%额定电压下的空载损耗和空载电流测量等。

205. 鲁西柔直联接变压器的特殊试验项目有哪些？

如果用户有特殊要求，则应该进行下列试验：阀侧绕组一分钟外施直流电压耐受试验、绝缘特殊试验、绕组热点温生测量、暂态电压传输特性测量、三相变压器零序阻抗测量、短路承受能力试验、变压器真空变形试验、变压器压力变形实验、变压器现场真空密封试验、频率响应测量、外部涂层检查、绝缘液中溶解气体测量、油箱运输适应性机械试验或评估、运输质量的测定等。

▶ **206. 鲁西柔直联接变压器的型式试验项目有哪些？**

型式试验应在每种型式的柔直变压器中的一台上进行，项目包括：温升试验、绝缘型式试验、声级测定、风扇和油泵电机功率试验。

第六章 ◐ 直流场主设备

第一节　起动回路

◐ **207. 柔性直流输电系统起动回路的作用是什么?**

　　柔性直流输电系统在起动时由交流系统通过换流器中的二极管向直流侧电容进行充电。由于 MMC 换流器中的电容量较大,当交流侧断路器合闸时相当于向一个容性回路送电过程,在各个电容器上可能会产生较大的冲击电流及冲击电压。因此,在柔性直流输电系统的起动过程中,需要加装一个缓冲电路。通常在断路器上并联一个起动电阻,这个电阻可以降低电容的充电电流,减小柔性直流系统上电时对交流系统造成的扰动和对换流器阀上二极管的应力。当系统进行起动时,先通过起动电阻充电,直流充电结束后,再将起动电阻旁路。

◐ **208. 起动回路的工作原理是什么?**

　　典型的电路示意图如图 6-1 所示。当系统进行起动时,在 t_1 时刻先合上断路器 K_1,经过一定的延迟时间到达 t_2 后,再合上断路器 K_2,此时电阻被旁路,开关 K_1 也随之断开,直流充电过程结束。

◐ **209. MMC 换流器的起动控制目标是什么?**

　　MMC 换流器的起动控制的目标是通过控制方式和辅助措施使 MMC-HVDC 系统的直流电压快速上升到接近正常工作时的电压,但又不产生过大的充电电流。实际工程中,一般多采用自励起动方式,起动时在充电回路中串接限流电阻,起动结束时退出限流电阻以减少损耗。

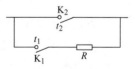

图 6-1　带起动电阻的
典型起动回路

◐ **210. MMC 换流器的充电过程是怎样的?**

　　MMC 自励预充电过程分为两个阶段:不控充电阶段(此时换流器闭锁)和可控充电阶段(此时换流器已解锁)。在不控充电阶段,换流器起动之前各子模块电压为零，由于子模块触发电路通常是通过电容分压取能的，故此阶段IGBT 因缺乏足够的触发能量而闭锁，此时交流系统只能通过子模块内与 IGBT 反向并联的二极管对电容进行充电。子模块自取能电源的起动电压一般取额定电压的 25%，不控充电阶段结束后所有模块的自取能电源均已起动，可直接解锁换流器直到电容电压达到预设水平。

211. MMC 换流器的交流侧预充电和直流侧预充电过程是怎样的？

MMC 自励预充电起动策略可以分为两种：交流侧预充电起动和直流侧预充电起动。第一种是柔性直流系统各换流站分别通过交流侧完成对本地 MMC 三相桥臂子模块电容的充电，之后切换到正常运行模式。第二种是只通过一端换流站（为主导站）同时向本地和远方的 MMC 子模块电容充电，当所有子模块的电容电压达到设定值后切换到正常运行模式。前者对各站通信要求较低，独立性较强；而后者适合运用在无源网络供电、黑起动等工况，因为无源侧和待恢复交流系统可能没有电源向电容器提供充电电源。

212. 为什么在起动过程中要串接起动电阻？

处于闭锁状态的 MMC 在充电的初始时候，子模块的电容电压为零或很低，交流系统合闸后，6 个桥臂近乎短路，会产生很大的充电电流，危及交流系统和换流器的安全。因此，必须在起动时在充电回路中串接限流电阻。

213. 起动电阻的参数要求是什么？

假设 MMC 的 6 个桥臂均为短路，忽略联接变压器漏抗的限流作用，联接变压器网侧各相交流电流幅值为交流等值相电势幅值除以限流电阻值。实际工程中，一般要求交流电流幅值低于 50A，以此可以计算出电阻值。

214. 鲁西柔性直流单元的起动电阻的主要参数有哪些？

鲁西站云南侧起动电阻采用西安神电电器有限公司生产的 SD1158-2 电阻，主要参数见表 6-1；广西侧起动电阻采用上海吉泰电阻器有限公司生产的钢栅式电阻，主要参数见表 6-2。

表 6-1　云南侧起动电阻技术参数

项目	参数	项目	参数
型式	SD1158-2	标称电阻值单台偏差/Ω	±3%
每台电阻器组件数	3	标称电阻值三相互差/Ω	±2%
电阻器安装位置	复合绝缘套管	电感值/mH	<10
标称阻值/Ω	5000	峰值电流/A_{peak}	70

（续）

项目		参数	项目		参数
冲击能量吸收能力（考虑尾波电流）/kJ		24000	最大温升限值/K		200
			电阻元件质量/kg		226
底部支柱绝缘子干弧距离/mm		3000	成分表示		陶瓷
电阻器端对端爬距/mm		20000	1 分钟工频耐压	电阻端子间/kV$_{rms}$	250
冲击能量下的温升（1 次冲击）	热点温升/K	102		支柱绝缘子对地/kV$_{rms}$	570
	平均温升/K	102			
冲击能量下的温升（5 次冲击）	热点温升/K	167	冲击能量后稳态电流能力/A		2
	平均温升/K	167			
冲击能量吸收能力（不考虑尾波电流）/kJ		30000	底部支柱绝缘子端对地爬距/mm		10150
			底部支柱绝缘子结构高度/mm		3300

表 6-2　广西侧起动电阻技术参数

项目		参数	项目		参数
型式		钢栅式电阻	冲击能量下的温升（1 次冲击）	热点温升/K	420
每台电阻器组件数		3		平均温升/K	350
电阻器安装位置		绝缘子套管	冲击能量下的温升（5 次冲击）	热点温升/K	500
标称阻值/Ω		5000		平均温升/K	456
标称电阻值单台偏差/Ω		±3%	最大温升限值/K		600
标称电阻值三相互差/Ω		±2%	电阻元件质量/kg		118
电感值/mH		3	成分表示		0Cr17Ni12Mo2
峰值电流/A$_{peak}$		120	1 分钟工频耐压	电阻端子间/kV$_{rms}$	250
冲击能量吸收能力（不考虑尾波电流）/kJ		24000		支柱绝缘子对地/kV$_{rms}$	570
冲击能量吸收能力（考虑尾波电流）/kJ		24000	冲击能量后稳态电流能力/A		2
底部支柱绝缘子干弧距离/mm		2400	底部支柱绝缘子端对地爬距/mm		10000
电阻器端对端爬距/mm		5750	底部支柱绝缘子结构高度/mm		2900

215. 什么是换流阀功率模块电容预充电方式？

换流阀功率模块电容预充电方式是指充电时闭锁所有的 IGBT，所有功率模块电容同时充电，此过程相当于通过不控二极管充电，但电容电压不能在这一过程中达到稳定工作时的电压值，随后需要转入直流电压控制。

216. 鲁西柔性直流单元功率模块电容电压的建立方式有哪几种？

鲁西柔性直流单元功率模块电容电压的建立方式有两种：

1）自励充电模式，利用交流电网对换流站进行不控整流充电，可充至约直流电压的 0.7pu。

2）他励充电模式，利用另一端柔直的直流电压对换流站进行充电，可充至约 0.35pu。

217. 鲁西柔性直流单元不同的运行方式对起动电阻的吸收能量的要求有什么区别？

鲁西柔性直流单元的运行方式如下：

1）联网运行方式1：云南侧、广西侧的交流网络、直流侧都联接。

2）联网运行方式2：云南侧、广西侧其中一侧的交流网络联接，直流侧联接。

3）STATCOM 方式：换流站的直流极断开，交流侧与电网相连。

在联网运行方式1下起动时，单侧交流电源将线路直流电压和本站功率模块电容电压充至不控整流稳态值，同时也将对侧的电容电压充至一半的不控整流稳态值。在联网运行方式2下起动时，单侧交流电源将线路直流电压和本站功率模块电容电压充至不控整流稳态值，并将对侧的电容电压充至一半的不控整流稳态值。其后，对侧换流器开始可控充电，对侧电容电压最后也充至不控整流稳态值。对起动电阻的吸收能量提出了更高的要求。当各站作 STATCOM 方式运行，系统起动预充电时为本站交流电源对本站阀功率模块电容充电，此时充电速度快，起动电阻吸收能量要求较低。

218. 起动电阻位于联接变压器网侧和阀侧各自的特点是什么？

起动电阻安装于联接变压器网侧，可有效降低空载联接变压器合闸时的冲击电流。若联接变压器阀侧的电压相比网侧较低，将起动电阻安装于阀侧有利于选择较低的电压耐受水平。具体工程可根据实际工况选择适宜的安装位置。

219. 起动时影响充电速度的主要因素有哪些？

起动时影响充电速度的主要因素为起动电阻值和所充电的功率模块电容量。判断充电速度，主要看直流电压上升速度与达到稳定的时间长短。不控整流时，直流电压稳态值 $U_{dc} = \sqrt{2}\,U_{acv}$，$U_{acv}$ 为联接变压器阀侧的线电压有效值。电路近似为 RC 串联回路，时间常数 $\tau = RC$，充电时间正比于起动电阻阻值与功率模块串联电容量。起动过程换流器件总串联电容值越大，充电速度越慢，充电时间越长。此外，起动电阻阻值越大，充电时间也越长，故可通过调节起动电阻阻值以调节充电速度。

220. 起动电阻在不控整流充电阶段的能量吸收特点是什么？

不控整流充电分为两个阶段，第一阶段为从开始充电到充电电压基本稳定，第二阶段为充电电压稳定到解锁。第一阶段充电期间起动电阻吸收能量的主要影响因素为所充电的功率模块电容量。第二阶段充电期间起动电阻吸收能量的主要影响因素为不控整流末期流过起动电阻的稳态电流的大小。此电流的产生原因为交流电源需供给流过直流母线对地杂散电容的漏电流，以及换流阀内并联电阻与高位取能电源等元件损耗。这一阶段起动电阻的吸收能量与时间成正比。

221. 起动电阻器的额定电阻值有什么要求？

起动电阻的作用主要考虑限制对电容器充电时起动瞬间在阀电抗器上的过电压及功率模块二极管上的过电流。同时，也要考虑充电速度，不宜太快，以免电压电流上升率过高，电容电压不均衡。额定电阻值应在 0 ~ 3000Hz 的频率范围内且应满足 0% ~ 10% 的偏差，电阻值温升偏差满足工程条件。因起动电阻阻值的增加将较明显地提高设备体积，且将一定程度地提高造价。鲁西站场地较紧张，所以在满足其他要求的前提下尽量降低起动电阻阻值。起动电阻值设计为 5000Ω。

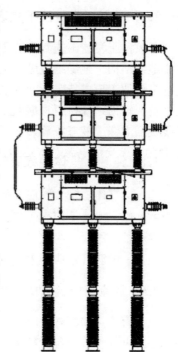

222. 起动电阻器在设计上有哪些要求？

起动电阻器应采用无感化设计，材料宜选用片状合金材料、陶瓷盘式电阻材料。使用寿命应不小于 10000 次或不小于 40 年使用寿命。

223. 起动电阻的耐受能力有什么要求？

应能耐受正常充电能量和短路时冲击能量最大值的两倍，若设置在交流网侧，还应耐受变压器励磁涌流造成的冲击能量。

224. 起动电阻器的结构是怎样的？

起动电阻一般为金属箱式或空心绝缘子式。应包括：电阻元件、连接件、支柱绝缘子和固定件。详细结构如图 6-2 所示。

图 6-2 起动电阻结构图

225. 起动回路电阻交接试验有哪些项目？

起动回路电阻交接试验的主要目的是检查设备在运输、储存或现场安装等过程中是否损坏，并检查各个单元的装配是否正确。一般包括以下项目：

1）外观检查。

2）冷态电阻值测量。

3）绝缘电阻测量。

4）工频耐压测量。

第二节　直流穿墙套管

▶ 226. 直流穿墙套管的作用及主流结构是怎样的？

直流穿墙套管在高压直流输电系统中起着联系阀厅内换流阀与户外直流场设备的作用，具备对墙绝缘和载流能力。目前主流的结构型式主要有环氧树脂浸渍干式结构、油浸纸结构及纯 SF_6 气体绝缘结构这三种。

▶ 227. 环氧树脂浸渍干式套管的结构是怎样的？

环氧树脂浸渍干式套管的主绝缘采用干式电容芯子，通常使用环氧树脂浸纸等主流绝缘结构。绝缘纸包裹铝箔卷制形成电容胚，浸渍环氧树脂并经高温固化，再经过车削加工形成特定形状的电容芯子。电容芯子外部套装复合护套并填充辅助绝缘材料。辅助绝缘材料根据电压等级、材料特性及使用范围确定，包括 SF_6 气体、类聚氨酯泡沫或液态胶等。

▶ 228. 纯 SF_6 气体绝缘套管的结构是怎样的？

纯 SF_6 气体绝缘套管通常在导杆至绝缘子护套内壁之间填充高压干式绝缘气体作为主绝缘，主要使用 SF_6 气体。主要由导电杆、过渡极板、中部法兰、出线端子、复合护套组成。为改善设备穿墙区域的电场分布，在套管穿墙法兰处内置安装过渡极板。此套管结构简单、重量更轻，但对气密性提出了更高的要求。

▶ 229. 直流穿墙套管的技术要求与难点有哪些？

设计直流穿墙套管时应根据系统的运行工况下电压、电流的变化范围，确定设备主要的电气参数，包括额定电压、额定电流、工频耐受电压、直流耐受电压、雷电冲击电压、操作冲击电压等。不同位置的套管所承受的工况也大不相同。

套管的结构是确保穿墙套管具备长期可靠性的基础，其长度主要受操作冲击电压的影响，内部绝缘应尽量使用一体式结构设计，各工况下的最小电气设计阈值应大于 1.2pu。同时，需要重点研究温升耐热设计选择、密封结构、压力监测准确性、抗振等。

此外，应编制具备实际可操作性的试验方案，在考虑常规试验项目的同时，需要重点关注模拟现场地震工况的抗振动等研究性试验及方法。

230. 鲁西柔性直流单元的直流穿墙套管的结构及主要参数是什么？

直流穿墙套管设备采用环氧树脂浸渍纸电容芯子/填充 SF_6 气体/硅橡胶复合绝缘外套的结构。额定连续直流电压为 350kV，额定峰值电压为 375kV，额定连续直流电流为 1429A，最大持续运行电流（户内≤50℃/户外≤40℃）为 3556A。

231. 鲁西柔性直流单元直流穿墙套管的试验项目与常规直流有哪些差异？

由于柔性单元直流穿墙套管不存在直流极性反转的工况，主要试验项目差异如下：

1）无须开展直流极性反转电压试验。
2）温升试验在交流电流下开展。

第三节 接地方式

232. 柔性直流接地方式的重要性是什么？

接地作用为在稳态时对电压起到钳位作用，在接地故障时提供一个零序通路，并配合提供保护检测信号。接地方式的选择是采用 MMC 拓扑换流器柔直工程系统设计中的关键问题。对于采用 MMC 单换流器对称单极结构的柔直工程，直流电容器分布在各功率模块中，直流侧没有独立电容器，无法引出明显的接地点。可在直流侧单独设置直流平衡电阻或电容提供直流中性点，也可在联接变压器阀侧设置接地点。

233. 柔性直流系统有哪几种接地方式？

主要的接线方式包括：
1）联接变压器 Yn/D + 直流接地电阻。
2）联接变压器 Yn/D + 直流接地电容。
3）联接变压器 Yn/D + 阀侧星型电抗 + 中性点接地电阻。
4）联接变压器 D/Yn + 阀侧中性点接地电阻。
5）联接变压器 Yn/Yn（+D）+ 阀侧中性点接地电阻等。

234. 鲁西柔性直流单元采用了哪种接地方式？

鲁西柔性直流单元采用联接变压器 Yn/Yn + 阀侧中性点接地电阻的方式，其特点是变压器接法可提供零序通路，提供保护检测信号；中性点接地电阻可抑制零序分量电流；单极 PT 故障，可继续运行；增加平衡绕组（D）的措施可减小零序分量的传递；Yn/Yn 接法相对 Yn/D 接法阀侧绝缘要求相对较低等。

第四节　避雷器

235. 柔性直流输电系统对直流避雷器有哪些性能要求?

柔性直流输电系统在实际运行中对直流避雷器的性能要求如下：

1）直流避雷器的火花间隙应具有稳定的击穿电压值，对于各种波形的过电压都应可靠地发挥限压作用。

2）直流避雷器要具有足够大的泄放电荷的能力（即通流能力或泄能容量）。避雷器动作后，应能容许直流系统中储存的巨大能量通过避雷器得到耗散。

3）直流避雷器具有很强的自灭弧能力，在直流电压或含有很大直流分量的电压下，应能可靠地切断续流。

4）避雷器动作时，对系统的扰动不应太大，在切断直流续流时也不应在电感元件上引起过高的截流过电压。

5）在过电压作用下动作时，直流避雷器的残压不会超过特定值。

6）在直流系统通过直流避雷器泄放电荷的过程中，避雷器上的总压降不能超过特定值。

236. 柔性直流输电系统换流阀避雷器布置的基本原则是怎样的?

每个电压等级和连接于该等级的设备应得到恰当的保护，并且其所期望的可靠性和设备耐受能力应与成本相匹配。具体如下：

1）交流侧产生的过电压主要由交流侧避雷器抑制，其中，交流母线避雷器提供主要的保护。

2）直流侧产生的过电压（包含接地极线路）主要由直流侧避雷器抑制，包括直流电缆避雷器、换流器母线避雷器。

3）针对柔直换流站内的过电压，主要元件应由与该元件紧密连接的避雷器直接保护。

4）柔性直流换流站中的连接变压器对地绝缘一般由避雷器直接保护，阀侧相间绝缘通过串联避雷器进行保护。对于柔性直流换流站存在的交流侧桥臂电抗器和直流侧平波电抗器，一般无须专门设置端间避雷器，通过其他避雷器的串联可实现端间绝缘的保护。

237. 直流避雷器的技术要求有哪些?

对于直流避雷器的技术要求包括：非线性好、灭弧能力强、通流容量大、结构简单、体积小、耐污能力强。

◉ 238. 直流避雷器和交流避雷器运行条件的差异有哪些？

直流避雷器的运行条件比交流避雷器更为严苛，主要有以下几个方面：

1）交流避雷器可利用电流自然过零的时机来切断续流，直流避雷器没有电流过零点可利用，灭弧困难。

2）直流输电系统中的电容元件比交流系统多，而且在正常运行时均处于充电状态，一旦有一只避雷器动作，容性元件都将通过这一只避雷器放电，所以直流避雷器的通流容量大于交流避雷器。

3）正常运行承受恒定的直流电压，直流避雷器发热相较于交流避雷器严重。

4）某些直流避雷器两端均不接地。

5）直流避雷器外绝缘要求相对较高。

◉ 239. 柔性直流输电系统中的氧化锌避雷器有何特点？

柔性直流输电系统中的氧化锌避雷器是一种新型避雷器，与碳化硅型避雷器比较，它没有保护间隙，只具有以氧化锌为主要原料制成的阀片。氧化锌避雷器因无保护间隙，瓷套表面的污秽对它的工作特性无影响，特别适用于污秽地区；又因其无续流，故也能用于直流线路。它还具有体积小、重量轻、通流能力强的特点。

第五节　直流断路器

◉ 240. 高压直流断路器是如何进行分类的？各有什么特点？

高压直流断路器根据其拓扑及开断原理，可分为三大类：

1）机械式直流断路器：可以关断非常大的电流，具有成本低、损耗小等优点，但由于自身结构的制约，断开时产生的电弧易损坏触头，故障电流切除时间较长。

2）固态式直流断路器：开断速度迅速，但其相关损耗较高，且价格昂贵。

3）基于机械开关与固体开关的混合式直流断路器：结合了机械开关良好的静态特性与电力电子器件良好的动态性能，用快速机械开关来导通正常运行电流，用固态电力电子器件来分断短路电流，具有通态损耗小、开断时间短、无需专用冷却设备等优点，是目前高压直流断路器研发的新方向，有着广阔的应用前景。

◉ 241. 高压直流断路器的技术要求有哪些？

高压直流断路器的技术要求主要有：保护的快速性、具备重合闸功能、故障就地检测和识别功能。

242. 随着直流输电技术的发展，对直流断路器提出了哪些要求？

1）直流断路器必须能够快速清除故障。

2）能够迅速消耗直流线路中存储的能量。

3）在切断直流电流时，能够承受较高的过电压。

4）具有高开断能力，能够切断较高的电压或电流。

5）具有重复开断能力。

6）成本低、使用寿命长、维修成本低、可靠性高。

243. 高压直流断路器的研制有哪些难点？

高压直流断路器的研制难点有三个方面：一是直流电流不像交流电流那样有过零点，所以灭弧比较困难；二是直流回路的电感较大，所以需由直流断路器吸收的能量比较大；三是过电压高。

244. 高压直流断路器的工作原理是怎样的？

目前的高压直流断路器一般均由 3 条支路组成：通流支路（主支路）、转移（开断）支路和吸能支路。通流支路用于传导主电流，要求通态损耗小，一般为机械开关（或串联机械开关组件）。为实现开断时的电流转移，在通流支路上也会附

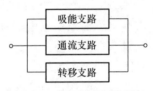

图 6-3   高压直流断路器的
原理结构示意图

加一部分绝缘栅双极型晶体管（IGBT）组件。在需要开断时，通流支路开关打开，电流流经转移支路，该过程可能是无弧的，也可能是有弧的。开断完成后，由吸能支路吸收系统参与能量。高压直流断路器的原理结构示意图如图 6-3 所示。

第七章 ◑ 直流测量系统

第一节 直流电压互感器

◑ **245. 什么是直流电压互感器? 主要有哪些类型?**

在高压直流输电工程中, 直流电压互感器用于将高压直流电压量转换成小电压信号, 经远端模块转换为可供控制、保护装置使用的数字信号。按工作原理可分为磁放大器型和电阻(阻容)分压器加直流放大器两种, 工程实际应用主要有感应式电压互感器、电容式分压器、电阻式分压器、阻容式分压器等类型。

◑ **246. 磁放大器型直流电压互感器的原理是怎样的?**

磁放大器型直流测量装置是在电磁型直流电压互感器的一次绕组串联一个温度系数很小的高阻, 以减小一次绕组电阻的温度变化对整个一次电流总电阻的影响, 使得直流电压互感器一次电流和被测的直流电压具有准确的比例关系, 同时还可以减小一次电路的时间常数。

◑ **247. 电阻(阻容)分压器直流测量装置的原理是怎样的?**

电阻(阻容)分压器直流测量装置是采用电阻或阻容元件构成直流分压回路, 然后将分压器低压侧的电压信号经放大后与被测直流电压成比例地输出。阻容型分压器比电阻型分压器响应速度更快。由于直流分压器的高压电阻阻值较大, 承受高压电一般采用充油或充气结构。同时, 为了避免杂散电容的影响, 一般需加装屏蔽环或补偿电容。

◑ **248. 直流电压分压器的选型要求是什么?**

直流电压分压器的选型应满足:

1) 宜采用阻容式分压结构, 内绝缘宜采用 SF_6 或绝缘油等, 外绝缘宜采用复合或瓷外套。

2) 空心绝缘子不应分节, 分压器的型式应保证其绝缘子内、外表面泄漏电流不会影响到测量结果。

3）高、低压臂的电容应使高、低压臂具有相同的暂态响应。

4）高、低压臂采用的分压电阻应具有相同的温漂特性。

5）低压臂宜加装均压环。

249. 直流电压测量装置有哪些主要的性能参数要求？

直流电压测量装置主要的性能参数要求包括：

1）电压定值。

2）测量范围。

3）额定电阻。

4）稳定性参数。

5）测量系统的阶跃响应。

6）采样频率。

7）采样精度。

8）截止频率。

9）响应时间。

10）试验参数。

11）悬挂式装置的绝缘外套。

12）直流电压测量装置采样到数据传输的总延时，应确保满足柔性直流输电系统控制保护的要求。

13）应具有良好的抗干扰性能。

250. 鲁西背靠背柔性直流电压测量装置的结构特点是什么？

直流分压器利用基于等电位屏蔽技术的电阻分压器传感直流电压，利用并联电容分压器均压并保证频率特性。直流分压器由高压臂和低压臂两部分组成，低压臂与二次分压板并联，在二次分压板中对分压器的输出信号进行二次分压，同时将信号分配给多个远端模块使用。接线图如图 7-1 所示。

第二节　直流电流互感器

251. 什么是直流电流互感器？主要有哪几种类型？

直流电流互感器通常按成套设计要求，安装于换流阀、直流极线、中性母线和接地极引线（如有）处，用于将大电流转换成小电流信号，经远端模块转换为可供控制、保护装置使用的数字信号。主要有电磁式、电子式和光纤式等。

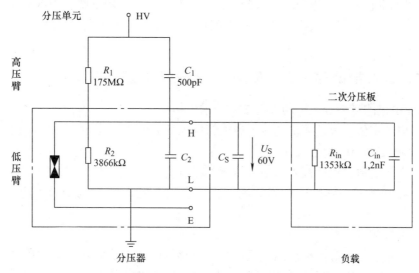

图 7-1 直流分压器至远端模块接线

252. 电磁式直流电流互感器的原理是怎样的？

电磁式直流电流互感器在电路上可分为串联型和并联型两种，都是以磁放大原理为基础，其主要组成部分为饱和电抗器、辅助电源、整流电路和负荷电阻等。由于电抗器磁心采用的是磁化曲线矩形系统高、矫磁力小的材料，当主回路直流电流变化时，将在负荷电阻上得到与一次电流成比例的二次直流信号，因此电磁式直流测量装置响应速度较快。

253. 电子式直流电流测量装置的结构是怎样的？

电子式直流电流测量装置通常由以下几部分组成：

1）高精度分流器，通常为分流电阻或罗戈夫斯基线圈（简称罗氏线圈）。

2）远端模块，其位于高压部分，可实现被测信号的模-数转换及数据发送，其电子器件于控制室的光电源通过单独的光纤供电。

3）信号传输光纤，用来传输光电模块发送的数字信号。

4）合并单元，一般位于控制室，用来接收光纤传输的数字信号，可对信号进行处理并送至相应的控制保护装置。电子式直流测量装置具有体积小、电子回路简单、抗电磁干扰能力强及闪络故障概率小等优点，但其响应速度相对较慢。

254. 光纤电流传感器的原理是怎样的？

光纤电流传感器是根据法拉第磁光效应，根据电流产生的磁场强度引起的光纤偏转角变化量，间接地测量导体的电流大小。光纤电流传感器具有测量电流范围大，可以测量直流、交流和高频成分，而且安装简单、使用方便、测量精度高、可靠性高等优点，适用于大电流直流输电线的电流测量、冶炼与冶金行业的大电流测试。

▶ **255. 直流电流测量装置有哪些主要的性能参数要求？**

直流电流测量装置主要的性能参数要求包括：

1）电流定值，包括额定电流、最大持续电流、最大暂态电流以及额定短时耐受电流和额定峰值耐受电流。

2）电压定值，包括接入点最大持续运行电压。

3）测量范围，包括最小连续测量范围、最小暂态测量范围及 5s 短时测量范围。

4）采样频率。

5）频率响应。直流电流测量系统具有足够好的暂态响应和频率响应特性，以确保最大误差情况下的测量值仍满足直流输电系统控制和保护提出的要求。应明确 50～1500Hz 下允许的最大幅值误差以及 50Hz 下额定电流时允许的最大相位偏移量。

6）阶跃响应上升时间。

7）采样精度。根据电流互感器不同的一次电流范围，分别给出测量误差，所有均通过精度试验加以验证。

8）响应时间。

9）绝缘水平。

10）爬电距离。

11）试验参数。

12）悬挂式装置的绝缘外套。提出外套最大平均直径和最小爬电距离。

13）采样到数据传输的总延时，应确保满足柔性直流输电系统控制保护的要求。

14）应具有良好的抗干扰性能。

▶ **256. 直流电流测量装置的选型要求是什么？**

直流电流测量装置的选型应满足：

1）直流电流测量装置宜采用光电式和纯光式。

2）每个光纤电流互感器应不少于 4 路二次输出，每个通道由独立的传感光纤环、传输光缆和电子接口模块构成，任何一个通道故障不应影响其他通道的信号输出，也不应有多个通道共用的环节。

3）直流滤波器低压侧的 CT 特性与直流滤波器高压侧的 CT 特性应一致。

257. 鲁西背靠背柔性直流电流测量装置的结构特点是什么？

鲁西背靠背柔性直流单元采用直流电子式电流互感器测量装置，主要由分流器、远端模块和合并单元等三个部分构成。分流器是一个高精度的电阻，通过测量电阻两侧的压降间接得到直流电流量；远端模块位于高压直流测量装置本体，安装于屏蔽金属壳内，根据测量信号的不同，远端模块分为三种类型：电流（RMDC）型、电压（RMDP）型及谐波（RMHC）型；合并单元安装于室内，最多可接入 6 个远端模块。合并单元主要由激光及数据接收模块、数据合并及发送模块与系统管理及状态监视模块几个主要部分组成。

258. 直流电流测量装置中分流器的内部结构是怎样的？

直流电流测量装置中的分流器是阻值极小的电阻，用于传感直流电流。分流器正负极分别引出 4 根电压信号线，同一极的信号线在同一端子排处短接，以保证所采集测量电流的一致性。鲁西工程所采用的斯尼汶特的分流器至远端模块的接线图如图 7-2 所示。从分流器输出了多路模拟电压信号，采用并联方式与端子排连接，再分别接多个远端模块。相比之下，斯尼汶特接线方式不存在单一电压信号线松动导致多路直流电流测量值异常的问题。此外，直流分流器还加装了一个罗氏线圈用于测量谐波电流。罗氏线圈与用于测量直流电流的分流器

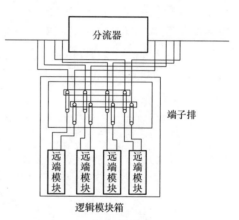

图 7-2　直流分流器至远端模块接线图

相互独立，互不影响。工作时母线电流从罗氏线圈中心穿过，与罗氏线圈没有直接的电路联系。

259. 鲁西柔性直流单元直流电流测量装置的二次传输系统的基本配置是怎样的？

鲁西柔性直流单元直流电流测量装置二次传输系统是直流测量装置的一部分，可完成多个测点电气量的同步测量，并在确定的时延内，测量数据由测量屏内合并单元经尾缆送至相应控制、保护及录波系统。柔性直流单元电压电流测量合并单元测量屏采用双重化配置，每侧各 4 面屏，中性点直流偏磁测量每侧各配置 1 面屏。

260. 什么是远端模块？

远端模块位于高压直流互感器本体处，安装于屏蔽金属壳内，主要用于接收并

处理直流分压器/分流器的输出信号，就地采集，输出串行数字光信号。远端模块与保护控制室中的合并单元通过光纤连接，传递光能和通信信号。1 个合并单元装置最多可连接 6 个远端模块，每个远端模块根据从供能光纤提取的同步信号完成模拟采样，并通过通信光纤将采样数据发送给合并单元，合并单元完成采样数据的合并处理，并按规定的接口协议，在确定的时延内将合并数据发送至直流控制保护系统。

▶ 261. 远端模块的工作原理是怎样的？

远端模块位于高压直流测量装置本体，安装于屏蔽金属壳内。根据测量信号的不同，远端模块分为三种类型：电流（RMDC）型、电压（RMDP）型及谐波（RMHC）型。远端模块的电源由光电池提供，光能通过 FC 接口的 $62.5/125\mu m$ 的多模光纤传输，远端模块的测量数据通过 ST 接口的 $62.5/125\mu m$ 的多模光纤传输。远端模块接口包括模拟量输入接口、FC 供能光纤接口及 ST 通信光纤接口。在柔性直流输电系统中，远端模块采样率为 50kHz。该模块的主要接口包括模拟量输入接口（Input +，Input −）、FC 供能光纤接口（Power Converter）及 ST 通信光纤接口（Data LED）。远端模块原理示意图如图 7-3 所示。

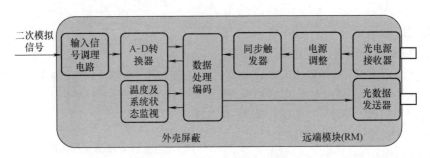

图 7-3　远端模块原理示意图

▶ 262. 什么是合并单元？

合并单元为远端模块提供供能激光，接收并处理远端模块上发送的数字信号，并将多个远端模块输出数据打包，按规定的协议输出至直流控制保护系统。合并单元的功能模块的构成主要包括激光及数据接收模块、数据合并及发送模块与系统管理及状态监视模块。

▶ 263. 合并单元的工作原理是怎样的？

合并单元安装于室内，最多可接入 6 个远端模块。合并单元主要由激光及数据接收模块、数据合并及发送模块和系统管理及状态监视模块三个主要部分组成，如图 7-4 所示。激光及数据接收模块包括激光二极管插件及激光二极管驱动插件，实现向远端模块提供能源及同步信号，接收远端模块输出数据的功能。系统上电初始化过程中，该模块打开激光以激活所连接的远端模块。在远端模块输出数据有效之前，系统将保持在等待模式下等待 5s，随后分析远端模块输出数据以确定光纤通信是否有效。如果该模块没有接收到有效的远端模块输出数据（或数据电平过低），系统将该通道数据品质置为"无效"，并发出告警信号。激光及数据接收模块内集成了激光驱动闭环控制功能，可根据远端模块电源的需求实时调整激光二极管电流，激光二极管最大驱动电流被限制在 1.2A，数据合并及发送模块主要实现远端模块数据的接收及合并发送功能。该模块在接收到远端模块数据后，实时对数据的有效性进行判断，并完成数据计算处理，然后按规定协议组帧，将合并数据发出。系统管理及状态监视模块主要实现系统内各模块的配置管理、状态监视、报警及闭锁控制等功能。

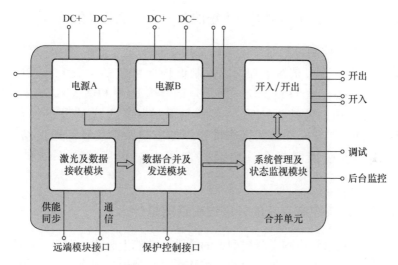

图 7-4　合并单元原理示意图

第八章 ◐ 柔性直流控制系统

第一节 控制系统结构及设计要求

◐ 264. 鲁西柔性直流控制保护系统的总体架构是怎样的？

鲁西柔性直流控制保护系统的架构采用了双重化冗余配置的三层两网的分层分布式结构。其中三层是指监控层、控制保护层（包括交直流站控层、柔性直流单元控制保护层）、I/O设备层，两网是指监控LAN和站控LAN，如图8-1所示。监控层设备通过监控LAN采集各控制保护装置上送的设备状态信息，同时通过监控LAN下发对设备的操作指令。各控制保护装置间通过站控LAN交换控制参数、传递控制指令，协同配合实现对直流输电系统的控制保护功能。

◐ 265. 柔性直流控制系统的分层控制策略是什么？

柔性直流控制系统应满足分层配置的原则，功能上分为：双极控制层、极控制层、换流器层。应根据各直流工程的不同特点来合理地规划直流单元控制系统的物理装置分层结构。单元控制系统应配置独立的控制主机和分布式I/O设备，以实现极控制和换流器控制层的功能。双极控制层的部分功能可以集成在单元控制系统中实现，也可以在直流站控主机内实现。单元控制系统包括直流输电系统主要闭环控制功能，是保证直流输电系统在各种交、直流系统条件下安全高效运行的最为核心的控制设备。

◐ 266. 柔性直流控制系统的动态性能有哪些要求？

柔性直流控制系统应根据成套设计的要求，对功率控制器、频率控制器、电流控制器等进行优化，以满足直流系统的阶跃响应及其他相关性能要求。功率阶跃试验通常采用0.1pu和0.5pu两种阶跃量进行考核。

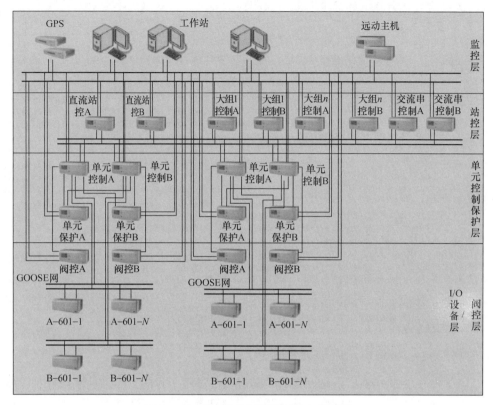

图 8-1　柔性直流控制保护系统架构框图

第二节　控制系统试验要求

▶ 267. 控制保护系统的试验主要包括哪些试验？

控制保护系统的试验主要包括工厂试验、出厂试验和现场试验。完成对控制保护系统的软硬件的设计、装配、功能、性能的全面检验。试验应符合相关标准的要求。

▶ 268. 直流控制保护系统工厂试验主要包括哪些试验？

直流控制保护系统工厂试验主要包括工厂型式试验、工厂例行试验、工厂功能试验。

▶ 269. 工厂型式试验的目的是什么？

工厂型式试验的目的主要是验证控制与保护设备是否符合相关标准、技术规范，满足现场运行环境和标准对电磁兼容性的要求。型式试验主要针对：

1）采用新设计的装置。

2）设计更新的装置。

3）结构、材料、元部件、工艺改变的装置。

270. 工厂型式试验的内容有哪些？

工厂型式试验内容主要包括：

1）环境试验。

2）电源扰动及断电试验，至少包括：频率影响试验、辅助电源影响试验、电源中断试验、辅助电源纹波影响试验、辅助电压峰值涌流试验。

3）振动、冲击、碰撞和地震试验。

4）温度贮存、耐湿热试验。

5）电磁兼容试验，至少包括八种抗扰度试验和两种发射试验：静电放电抗扰度试验、射频电磁场抗扰度试验、电快速瞬变脉冲群抗扰度试验、浪涌抗扰度试验、射频场感应的传导抗扰度试验、振荡波抗扰度试验、工频磁场抗扰度试验、阻尼振荡磁场抗扰度试验、传导发射试验、射频发射试验。

271. 工厂例行试验的内容有哪些？

工厂例行试验指出厂的每一装置均需进行的试验，目的是验证控制与保护设备的电气性能是否符合相关标准、技术规范，满足现场的运行环境。试验的内容主要包括：电源偏差试验、绝缘性能试验、稳态电压试验、冲击电压试验、100h 连续通电运行试验。

272. 工厂功能试验的内容有哪些？

工厂功能试验的目的主要是验证工程中所应用的控制保护设备的屏柜接线、电路和软件功能以及参数是否符合要求。主要包括：设备外观检查，检查屏柜的外观、安装配线、系统标识等是否满足设计要求；I/O 单元的性能试验，包括信号输入检查，保护输出检查和模拟量测量精度测试等；软硬件设置检查，对屏内所有需要进行参数设置的装置、板卡、传感器等硬件模块的设置，如 DIP 开关的位置检查、装载的工程软件版本和配置参数进行检查。确认所有硬件软件参数均已按照工程设计要求设计；电气电路检查；所有模拟量和开关量输出电路的检查，应从软件一直查到屏柜端子，以保证从软件到输出端子的所有连接都正确；系统 CPU 和网络负荷率试验；时钟同步系统对时精度试验；事件顺序记录分辨率试验；与各级调度通信模拟试验；与保护故障录波信息管理子站通信模拟试验；功能性能试验；通信一致率试验。

▶ 273. 出厂试验包括哪些试验？

出厂试验是对直流控制保护系统再次进行整体功能和性能试验，主要包括功能验证试验（FPT）和动态性能验证试验（DPT）。

▶ 274. 功能验证试验的目的和作用是什么？

功能验证试验（FPT）通过进行闭环仿真试验对成套直流控制保护设备的总体功能进行检查、优化和验证，包括验证控制保护软件设计的正确性以及是否按照技术规范书配置，检查各控制保护设备之间相互配合的正确性，各种运行方式下控制保护的功能和交直流一次系统之间相互作用的正确性，检查控制保护功能是否满足现场各种运行方式的需求，监控系统、顺控操作是否符合运行习惯，验证顺序控制逻辑的正确性，验证冗余控制保护系统切换和辅助电源掉电对输电过程的影响等。

▶ 275. 功能验证试验主要包括哪些内容？

功能验证试验（FPT）主要包括：交直流场开关顺序试验、充电试验、解锁闭锁试验、空载加压试验、紧急停运试验、稳态性能试验、控制模式转换试验、功率升降试验、控制模式转换试验、自动功率曲线试验、功率升降试验、系统自监视与切换试验、附加控制、电磁干扰试验等。

▶ 276. 动态性能验证试验的目的和作用是什么？

动态性能验证试验（DPT）通过进行闭环仿真试验对柔性直流输电系统的暂态特性进行测试，检查各种扰动情况下交直流系统的相互作用，选择和验证控制保护参数，优化成套控制保护设备在各种直流系统运行工况下的响应。

▶ 277. DPT 试验主要包括哪些试验？

DPT 试验主要包括：阶跃响应试验、额定负荷试验、交流系统故障试验、直流系统故障试验等。

▶ 278. DPT 试验的架构是怎样的？

用 RTDS（实时仿真装置）模拟一次设备，接入真实的控制保护屏柜，形成DPT 试验系统。DPT 试验架构图如图 8-2 所示。

▶ 279. FPT 和 DPT 试验有什么区别？

FPT 试验测试用于现场的双套控制保护屏柜功能是否满足要求，其对象是用于现场的双套控制保护屏柜，一般仅用等效的电源模型。DPT 试验用于单套控保屏柜

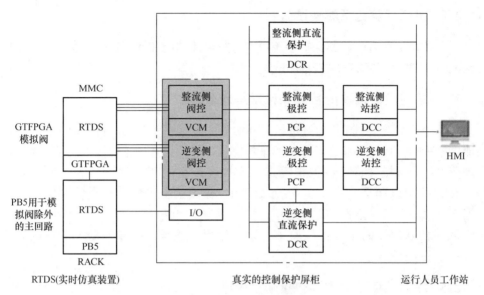

图 8-2　DPT 试验架构图

测试控制保护逻辑动态性能响应，其对象是用于试验室的单套控制保护屏柜，部分试验需要用主网架的电网模型。

280. 现场试验包括哪些试验？

现场试验包括设备单体试验、分系统试验、站系统试验和系统试验。

281. 什么是柔直全链路测试试验？

常规直流的 FPT、DPT 试验接入真实的控制保护屏柜，一次设备用 RTDS 或者 RTLAB 等仿真平台模拟。柔直阀控与常规直流阀控（VBE）设备相比，承担更多的控制保护功能，其脉冲分配屏功能类似于常规直流阀控的光发射板、光接收板等；脉冲分配屏数量众多，一般不接入实时仿真系统。

实时仿真平台中，含有完整的站控、极控、阀控与脉冲分配屏整条控制保护链路的所有控制设备构成的试验系统可称为全链路测试系统。在该系统上可模拟测试现场所有屏柜的功能，因此称为全链路测试试验。由于脉冲分配屏数量众多，一般的全链路测试试验仅在一桥臂甚至更小范围内接入脉冲分配屏。

282. 设备分系统试验的目的是什么？

设备分系统试验主要是检验控制保护设备之间、各分系统之间的接口和连接的正确性，控制保护系统的整体配合是否满足设计要求。

283. 设备分系统试验主要包括哪些内容？

设备分系统试验主要包括：检查控制保护设备的通信回路连接是否正常；控制保护设备与现场 I/O 设备之间的联锁逻辑是否正确；进行控制保护信号测试，检查控制保护设备与运行人员控制和远方监控通信系统之间，以及控制保护设备与其他与之相连的设备之间的信号传输是否正确；系统切换功能（多重化系统之间）检查。

284. 站系统试验的目的是什么？

站系统试验主要是检验与单站相关的控制保护设备是否满足系统运行的要求，其功能、性能是否达到工程预期，是工程投产前的最终检验。

285. 站系统试验主要包括哪些内容？

站系统试验主要包括：单站交直流场开关顺序试验、单站跳闸试验、单站充电试验、单站解锁闭锁试验、单站紧急停运试验、单站无功控制转换试验、单站无功功率升降试验、电磁干扰试验、交流系统故障试验、其他根据工程的运行方式需要所必需的试验。

286. 系统试验的目的是什么？

系统调试以每一个极为基础进行单极试验，在第二个极试验过程中和/或完成后，进行双极系统试验。主要是检验整个直流系统控制保护设备是否能满足系统运行的要求，其功能、性能是否达到工程预期。

287. 系统试验主要包括哪些内容？

系统试验主要包括：交直流场开关顺序试验、跳闸试验、充电试验、空载加压试验、解锁闭锁试验、紧急停运试验、稳态性能试验、控制模式转换试验、功率升降试验、自动功率曲线试验、功率反转试验、辅助电源丢失试验、冗余设备切换试验、可听噪声试验、阶跃响应试验、额定负荷热运行试验、交流线路故障试验、直流线路故障试验（架空线）、其他根据工程的运行方式需要所必需的试验。

288. 直流控制保护系统出厂设备应配套提供哪些文件？

直流控制保护系统出厂设备应提供：质量证明文件（应附出厂检验记录）、设备说明书、设备安装图、设备原理图和接线图、装箱单等。

289. 直流控制保护设备的使用寿命是多少？

一般情况下，直流控制保护设备的使用期限不低于 15 年。

第三节　站控系统硬件配置

290. 鲁西站直流站控系统有哪些外部接口？

鲁西站直流站控与柔性直流单元控制装置、常规单元控制装置以及交流站控系统等外部装置进行信息交互。以直流站控系统 A 为例，直流站控装置与时钟装置通过 B 码对时，通过交流插件采集交流量，通过 DI/DO 插件实现开入开出，通过 GOOSE 网现场总线采集稳控设备状态信息，通过站控 LAN 与交流站控、单元控制系统相连，通过监控 LAN 与监控后台相连，通过 DSP 插件的光纤链路以及逻辑插件的电以太网链路实现与直流站控系统 B 的信息交互。

291. 鲁西站直流站控系统的内部架构是怎样的？

鲁西站直流站控装置采用插件式结构，主要有 DSP 插件、FT3 插件、逻辑处理插件（又称 SCC 插件）、智能网口插件（又称 GOOSE 插件）、交流插件、管理插件（也称 MASTER 插件）、开入开出插件（DI/DO 插件）和电源插件等，不同插件之间通过冗余的内部高速总线实现数据交互。DSP 插件主要运行非可视化的 DSP 程序；逻辑处理插件运行可视化程序；FT3 插件为备用插件；交流插件的作用是将电压互感器二次信号变换成装置所需的弱电信号；管理插件实现直流站控装置与监控系统的通信功能；开入开出插件负责装置电源状态信号、稳控装置动作信号的采集与装置闭锁、直流单元状态信息以及跳闸信号的输出。

292. 鲁西站直流站控装置是如何冗余配置的？

鲁西站直流站控系统采用双重化冗余配置方式，直流站控系统由 CSD-355 控制装置和 CSD-601 扩展 I/O 装置组成。CSD-355 直流站控装置采用 IEC 61850/MMS 协议通过电以太网双网链路与 SCADA 监控后台通信，采用 IEC 61850/GOOSE 协议通过光以太网双网链路与 I/O 层 CSD-601 设备通信，通过冗余站控 LAN 与交流测控装置、交流滤波器测控装置、柔性直流单元控制装置、常规单元控制装置进行信息交互，实现分裂母线、最后断路器、无功控制、三单元协调控制等功能。

293. 鲁西直流站控系统的供电模式是怎样的？

两块电源插件采用均流输出运行模式，且单电源插件均能支持整装置长期运行。如果一块电源插件发生内部故障，分以下两种情况分析：

1）如果是非输出短路型故障，均流输出模式可以确保无缝切换到另一块电源插件持续供电，背板电源电压不会产生波动，对装置功能不会造成影响。

2）如果是电源故障导致输出短路，则装置内部将快速失电（几乎没有储能电容维持的缓慢掉电过程），如果故障装置恰好处于 ACTIVE 状态，则直流站控装置 A/B 套切换的逻辑等同于 ACTIVE 装置所有对外光纤通信瞬时中断的情况。

294. 鲁西直流站控系统的装置状态类型是怎样的？

鲁西直流站控系统的控制主机有四种工作状态：测试（TEST）、退出（OFF）、备用（STANDBY）和运行（ACTIVE），运行人员工作站（含工程师工作站）可以进行状态的转换（权限管理），但不允许两套控制主机同时转换到测试状态。STANDBY 状态的主机用 ACTIVE 状态主机传过来的 PI 环积分值和状态值覆盖本机的值。当人为操作值班装置 TEST 按钮后，值班主机执行主机切换流程。当人为操作备用装置 ACTIVE 按钮后，备用装置不允许升主，即只允许值班主机降级别运行，不允许备用系统主动升级别运行。各种状态的含义见表 8-1。

表 8-1　直流站控主机各个状态的含义

状态	说明
测试（TEST）	屏柜测试状态，所有事件的遥信报文不上送后台。依靠屏柜出口压板，退出与外回路的出口连接
退出（OFF）	装置上电初始状态位 OFF 状态。可能因为外部条件的原因，不具备升至 STANDBY 或 ACTIVE 状态。接收测量系统的信号，但不向外发控制指令，随时准备进入备用状态
备用（STANDBY）	与运行系统通信，从运行系统实时更新重要的参考值信息，随时准备迅速切换至运行状态，接管控制权
运行（ACTIVE）	负责直流站控系统的控制任务。当仅有一台直流站控主机为 ACTIVE 时，除非装置断电，否则不允许降 OFF 状态

295. 鲁西直流站控系统的监视及自诊断功能设计原则是怎样的？

鲁西直流站控系统具有监视与自诊断功能，监视与自诊断功能覆盖从测量二次绕组开始包括完整的测量回路、信号输入/输出回路、总线、主机、微处理板和所有相关设备，能检测出上述设备内发生的所有故障，对各种故障定位到最小可更换单元，并根据不同的故障等级做出相应的响应。

296. 鲁西直流站控装置的监视和诊断功能主要有哪几种原理？

鲁西直流站控装置的监视和诊断功能的主要原理如下：

1）内部校验。内部校验主要是芯片和芯片之间以及板卡和板卡之间的数据传输 CRC 校验，发送端在传输数据之前，会根据需要传输的数据计算出一个 CRC 校验码随着数据一同发送，接收端接收到数据后，采用同样的算法计算出 CRC 校验码，如果和接收到的校验码相同，则认为数据传输是成功的，否则认为数据传输出错。

2）中断计数校验。中断计数校验是指板卡和板卡之间的通信中断计数监视，当程序进入中断后无法接收到相关数据报文时，中断计数器加 1，接收到相关数据报文则将该计数器清零，当中断计数器累加到一定阈值后，则判断为该通信中断。根据各个通信链路的内容的重要程度、中断后果严重性等因素综合考虑，为不同的通信通道选取合适的中断计数器阈值。

3）异常开入监视。异常开入监视是指一些装置或者板卡的异常开入信号，当存在异常状况时，这些开入会产生变位，通过监视这些开入信号，便可以监视相关的故障或异常，并做出相应的措施保护直流站控系统。

▶ 297. 鲁西直流站控系统的电气量输入是什么？

鲁西直流站控系统采集全站交流滤波器大组母线电压、常规直流单元换流变压器进线电压以及柔性直流单元联接变压器进线电压，参与远程过程调用（RPC）功能中滤波器小组提供的无功值计算、电压控制（$U_{control}$）、极限电压控制（U_{max}）等功能。直流站控系统 A、B 之间的测量回路彼此独立。

第四节　站控系统控制功能

▶ 298. 直流站控功能配置有哪些？

直流站控功能主要有：有功综合控制、无功控制 RPC、最后断路器及分裂母线保护、附加控制功能等。

▶ 299. 有功综合控制包含哪些功能？

有功综合控制功能主要有有功协调控制、功率转移控制等。

▶ 300. 鲁西直流站控有功协调控制功能配置了哪几种模块？

鲁西直流站控有功协调控制功能配置了直流站控有功功率控制、直流站控有功协调控制模式、协调控制模式下功率分配、协调控制模式下速率分配、常规直流单元之间的功率参考值及升降速率再分配、常规直流单元功率目标值指令计算等模块。用于实现三个换流单元在不同运行方式组合下有功功率的协调分配，使得直流系统总有功功率值跟随既定的目标值进行调整。

▶ 301. 鲁西直流站控有功功率控制功能有哪几种模式？

鲁西直流站控有功功率控制模式有手动控制和自动控制两种。协调控制功能投入的情况下，若运行人员选择直流站控自动功率曲线执行方式为手动控制，则三个换流单元的功率参考值和功率升降速率由运行人员手动进行设定。若协调控制投入，且运行人员选择直流站控自动功率曲线执行方式为自动控制，则直流站控会按照预先编排好的直流传输功率日负荷曲线对常规直流单元和柔直换流单元的功率参考值和功率升降速率进行计算和分配。

302. 鲁西直流站控功率转移控制功能的作用是什么？

鲁西直流站控功率转移控制实现常规直流单元与柔直换流单元的功率互补。在协调控制模式下，当某一换流单元的输电能力下降，导致实际传输的直流功率减少时，功率转移控制功能会将该换流单元的功率缺额向其他换流单元转移，通过增加其他换流单元输送功率值的方式来使得总的直流传输功率接近功率设定值的水平，减小该工况下系统的功率损失。为了防止协调控制模式下直流单元功率指令由于功率转移功能产生频繁波动，功率转移功能设置死区，在该死区范围内功率不会发生转移。

303. 鲁西柔直换流单元的功率转移流程是怎样的？

协调控制模式下，柔直换流单元的功率目标值与柔直换流单元的实际直流功率进行比较，若功率目标值与实际的直流功率值之差大于 30MW 的死区限值，则柔直换流单元起动功率转移。转移的功率即为当前的功率目标值与实际的直流功率之差，该差值将根据两个常规直流单元的运行情况进行分配。若换流单元一、换流单元二均在解锁状态且都没有发生功率转移，则柔性直流单元转移的功率值将平均分配，叠加到两个常规直流单元的功率目标值上。若两个常规直流单元中仅有一个单元在解锁状态且没有发生功率转移，则柔性直流单元转移的功率值将全部分配给该常规直流单元。

304. 鲁西直流站控设置了哪些附加控制功能？

鲁西直流站控的附加控制功能包括功率提升、功率回降、功率限制和频率控制等。在系统发生异常工况时，直流站控系统快速完成响应，用预定控制策略降低系统扰动，以改善交流系统的性能。附加功能在独立控制和协调控制中均起作用。

在协调控制模式下，附加控制产生的功率调制量叠加到直流站控总功率指令上，通过功率分配系数产生柔性直流单元和常规直流单元功率指令。例如在协调控制模式下，分配系数为 0.7，那么附加控制功能产生的功率指令 30% 分配给柔性直流，70% 分配给常规直流，两个常规直流单元之间按照平分原则进行功率分配。

在独立控制模式下，附加功能产生的功率调制量按照平分方式产生柔性直流单元和常规直流单元功率指令，两个常规直流单元之间按照平分原则进行功率分配，即三单元运行状态下每个换流单元的功率指令为总功率指令的三分之一，若两个换流单元运行则每个换流单元的功率指令为总功率指令的二分之一，仅有一个单元运行的情况下其功率指令为附加控制功能产生的总功率值。

305. 什么是功率提升功能？

当受端交流电网发生严重故障时，可能要求直流系统迅速增大输送的直流功率，支援受端电网，以便尽快恢复正常运行，这种调制功能也称为紧急功率支援。

功率提升功能作用于功率指令或电流指令，配备 5 个功率提升级别，提升功率值和速率可在运行人员界面设置。每个级别的功率提升功能都可以在运行人员操作界面上投入或退出。直流站控系统具有安稳接口，能接收外部信号，去起动任何一个提升级别。

5 个提升级别中 1 档的优先级最低，5 档的优先级最高。低优先级的提升执行过程中，出现高优先级别的提升命令后，功率提升值将变为后来的高优先级别的提升值；高优先级执行过程中，出现低优先级别的命令时原有的执行过程不受影响。

在功率提升压板投入的情况下，一个或者多个功率提升命令使能，高优先级的功率提升命令得以输出，再经选择功率提升相应的设定值，生成功率提升命令。功率提升后的直流系统功率值确保不超过每单元的允许运行功率；同时每单元提升后的功率值或者电流值仍旧受本单元各种限制值的限制，以保证本单元工作在安全范围内。

306. 什么是功率回降功能？

当送端交流电网发生严重故障时，可能要求直流系统迅速减小输送的直流功率，支援送端电网以便尽快恢复正常运行，这种调制功能也称为紧急功率支援。

功率回降功能作用于功率指令或电流指令，配备 5 个功率回降级别，回降功率值和速率可在运行人员界面设置。每个级别的功率回降功能都可以在运行人员的操作界面上投入或退出。直流站控系统具有安稳接口，能接收外部信号，去起动任何一个回降级别。5 个回降级别中 1 档的优先级最低，5 档的优先级最高。低优先级的回降执行过程中，出现高优先级别的回降命令后，功率回降值将变为后来的高优先级别的回降值；高优先级执行过程中，出现低优先级别的命令时原有的执行过程不受影响。在功率回降压板投入的情况下，一个或者多个功率回降命令使能，经选择后高优先级的功率回降命令得以输出，再经选择功率回降相应的设定值，生成功率回降命令。功率回降后电流的最小值，不小于该单元的最小解锁允许电流。

307. 什么是功率限制功能？

鲁西直流工程设置四档功率限制功能，用于限制直流系统的输送功率。每档功率限制功能可以分别投入、退出。四档功率限制功能之间相互独立，其输入信号来自安稳装置。每档功率限制功能有输入信号时，均能将直流功率限制到运行人员预先设定的功率定值。功率限制功能检测到输入的功率限制命令后就将功率定值限制到相应级别的功率限制值。功率限制命令消失后，直流功率仍保持为限制后的功率定值。如果需要恢复限制前的功率定值，运行人员需要在操作界面上输入新的功率定值。

功率限制功能共分为四个级别，每个级别的功率限制功能由外部信号启动，并且有一定的优先级（功率限制 4 > 功率限制 3 > 功率限制 2 > 功率限制 1）。如果同时有几个级别的功率限制同时启动，系统将选择具有最高优先级级别的功率限制功能。

308. 协调控制模式下附加控制功能的控制逻辑是怎样的？

在协调控制模式下，附加控制产生的功率调制量叠加到直流站控总功率指令上，通过功率分配系数产生柔性直流单元和常规直流单元功率指令。例如在协调控制模式下，分配系数为 0.7，那么附加控制功能产生的功率指令 30% 分配给柔性直流单元，70% 分配给常规直流单元，两个常规直流单元之间按照平分原则进行功率分配。

309. 独立控制模式下附加控制功能的控制逻辑是怎样的？

在独立控制模式下，附加功能产生的功率调制量按照平分方式产生柔性直流单元和常规直流单元功率指令，两个常规直流单元之间按照平分原则进行功率分配，即三单元运行状态下每个换流单元的功率指令为总功率指令的三分之一，若两个换流单元运行则每个换流单元的功率指令为总功率指令的二分之一，仅有一个单元运行的情况下其功率为附加控制功能产生的总功率值。

310. 什么是频率控制功能？

利用直流输电系统的快速可控性，调节换流站所连的交流系统的频率，共同利用两端交流系统热备用容量。频率控制设置有投退功能。设计中还实现控制参数可调，既可以适应未来电网电能质量标准提高的要求（例如将非故障系统的频率限定在 50Hz ± 0.1Hz 内），也便于在交流电网达成事故支援协议的情况下，放宽频率限制要求（例如将故障系统的频率限定在 50Hz ± 0.015Hz 内），以充分利用直流频率控制的功能，发挥大电网互联的优势。

实际进线频率与额定频率计算得到频率前置偏差，利用频率偏差与前置偏差做差，经 PI 调节输出 FLC 功率。在协调控制的情况下，频率控制输出的功率叠加到系统总功率指令上，叠加后的总功率按照分配系统重新进行功率分配。在独立控制模式下频率控制输出的功率按照附加控制功率分配的方式叠加到柔性直流单元和常规直流单元的功率指令上。

311. 鲁西直流站控无功协调控制功能包括哪几个方面？

鲁西直流站控无功协调控制功能包括三个方面：

1）全站慢速无功控制：滤波器及电容器投切控制（U_Control 和 Q_Control）。

2）柔性直流单元快速无功协调控制：柔直系统运行的情况下，协调柔直系统的输出，平滑滤波器投切瞬间系统电压的波动。

3）常规直流的辅助无功控制：常规直流单元的 QPC 和 Gamma_Kick 功能。

312. 无功协调控制功能的优先级是怎样的？

基于经济性和设备容量利用率的角度考虑，上述三个无功控制功能的优先级从高到低依次为：站控系统的滤波器投切控制、柔性直流单元快速无功协调控制、常规直流单元的辅助无功控制。即优先使用滤波器组和电容器组来提供换流站所需无功功率，其无功控制的目标是将换流站的交流母线电压或换流站与系统交换的无功控制在给定的区间内；其次是柔性直流单元的快速无功协调控制，在滤波器投切的瞬间柔性直流单元可以快速、精确地进行无功调节，使得换流站的交流母线电压或换流站与系统交换的无功维持在合理范围内；最后，当柔性直流单元达到其输出容量限值或其无功控制功能不可用时，常规直流单元可启用其辅助无功控制功能，即 QPC 和 Gamma_Kick 功能。

313. 无功协调功能的控制目标是什么？

无功协调功能主要实现以下目标：

1）优先使用滤波器组和电容器组提供换流站所需的静态无功功率，提高柔直和常规直流的容量利用率。

2）利用柔性直流单元快速、精确的无功调节能力，实现换流站交流母线电压（U_Control）或换流站交换无功（Q_Control）的无差控制。

3）通过柔直系统的快速无功控制能力，完成常规直流无功辅助控制功能中的 QPC 和 Gamma_Kick 功能，避免常规直流换流站调节触发角（α）和熄弧角（γ）对直流系统运行性能的影响（设备承受的应力大、损耗大、谐波分量大等）。

314. 全站慢速无功控制功能有哪几种控制模式？

全站慢速无功控制功能在总体上具备以下控制模式：手动模式、自动模式和 OFF 模式。这些控制模式由运行人员根据系统运行的需要进行选择。当无功控制功能选择 ON 时，无功控制功能投入运行并自动进入手动模式。此时，运行人员可选择是否投入自动模式。

315. 什么是柔性直流单元快速无功协调控制？

柔性直流单元快速无功协调控制是在柔直系统运行且无功协调控制模式投入的情况下，通过调节柔直系统的无功输出，避免交流滤波器投切的瞬间造成交流场电压出现大幅波动。当直流站控投切滤波器的瞬间，直流站控协调柔直系统输出，稳定滤波器投切导致的电压波动，当滤波器投切完成后，柔直系统无功输出值恢复到零。

316. 柔性直流单元快速无功控制包含哪些功能？

柔性直流单元的快速无功控制包括 U_Control 和 Q_Control，其控制功能在柔性直流单元控制的无功外环中实现。为了实现对全站的无功协调控制，控制对象为全站与 500kV 交流母线连接处的无功功率和交流电压。

317. 柔性直流单元快速无功控制使能的条件是什么？

在逻辑程序中，需满足以下条件后柔性直流单元快速无功协调控制才能使能：
1）直流站控中生成交流滤波器投切指令。
2）无功协调控制模式在投入状态。
3）减小柔直无功输出时，有滤波器处于可用状态。
4）Gamma_Kick 功能未投入。

318. 什么是稳态控制限功率功能？

直流在稳定运行状态下，每个功率水平有最低的滤波器配置需求，当滤波器不满足最低配置时，将根据现有滤波器的配置情况降低直流功率至对应水平。

第五节　站控系统保护功能

319. 直流站控系统设置了哪些保护功能？

直流站控系统设置最后断路器保护、滤波器大组与常规直流分裂母线运行保护功能，防止运行过程中换流器失去交流出线以及与滤波器大组分裂母线运行情况的发生，保障直流系统的安全运行。

320. 什么是最后断路器？

最后断路器是指跳开后将导致换流器失去换相电源的线路断路器。

321. 最后断路器保护的判断逻辑是怎样的？

最后断路器保护动作通过母线运行状态、换流站和出线与交流母线的连接状态及断路器跳闸信号等综合判别后输出。最后断路器的判断原则如下：

1）直流单元换流变压器不与任何一条出线相连。

2）直流单元换流变压器不与任何一条母线相连。

交流站控系统负责采集各交流串的开关、刀开关状态并上送至直流站控，由直流站控主机进行逻辑判断。最后断路器逻辑判断母线上是否有交流出线以及运行极是否连接到母线上。如果某个交流串上的断路器具备最后断路器闭锁相关换流单元的条件，则直流站控装置向交流测控装置发出禁止手动拉开该断路器和其两侧隔离开关的命令。如果该断路器产生跳闸动作，则直接闭锁常规直流单元或者柔性直流单元并跳闸换流变压器的进线开关。

322. 最后断路器的开关位置的判断逻辑是怎样的？

最后断路器的开关位置的判断逻辑为：开关合位采用三取三判别逻辑，即三相开关处于合闸即认为该开关处于合闸状态；开关分位采用三取一判别逻辑，即开关任何一相处于分闸即认为该开关处于分闸状态。

323. 最后断路器的刀开关位置的判断逻辑是怎样的？

最后断路器的刀开关位置的判断逻辑为：刀开关合位采用三取三判别逻辑，即刀开关三相均处于合位即认为该刀开关处于合闸状态；刀开关分位采用三取一判别逻辑，刀开关任何一相处于分位即认为该刀开关处于分闸状态。

324. 最后断路器的开关间隔状态的判断逻辑是怎样的？

直流站控中对一个开关间隔的状态判断使用该间隔的开关及刀开关的位置状态组合来判别。当开关间隔的开关及两把刀开关均在合位时，判定该间隔在连接状态；若开关间隔内开关或者刀开关出现分位，则认定该间隔处于断开状态。

325. 最后断路器的断路器跳闸状态的判断逻辑是怎样的？

断路器跳闸根据线路保护、断路器及失灵保护和断路器操作箱的永跳信号进行判别。

326. 什么是分裂母线保护？

直流站控通过交流串连接状态判断母线是否存在合环，在判断出交流母线处于分裂运行情况下，当判断常规直流换流器和有小组投入的滤波器大组为分裂母线运行状态时，直接闭锁常规直流单元并跳闸换流变压器的进线开关。直流站控判定当有滤波器大组和常规换流单元分裂运行时，分裂母线保护动作，发出跳开滤波器大组跳闸命令，延时闭锁对应的换流单元触发脉冲。

327. 两套直流站控系统同时故障时会有什么后果？

由于鲁西直流工程的常规直流单元控制中配置了后备无功控制，两套冗余直站控系统均故障退出运行后，直流系统可继续保持当前功率运行 2h。2h 后，若直流站控仍未恢复正常，常规直流单元按保护闭锁逻辑停运常规单元，并退出所有滤波器组。

328. 什么是联锁功能？

所有的控制操作，应在控制系统中设计安全可靠的联锁功能，应禁止任何可能引起不安全运行的控制操作的执行，以保证设备正常和运行人员的安全。联锁包括硬件联锁（包括机械联锁、电磁联锁和电气联锁）、软件联锁。在系统级和站级控制软件中实现的是软件联锁，范围包括：直流开关场、联接变压器、换流器及阀厅、交流开关场、辅助系统等。联锁功能应能在各个操作层次实现，运行人员在任一控制层对设备进行操作时，联锁均应起作用。同时，为便于运行检修和紧急情况操作，应配置就地投/退联锁功能的装置。

第六节 单元控制系统架构及硬件配置

329. 鲁西柔性直流单元控制保护系统的总体架构是怎样的？

鲁西柔性直流单元控制系统位于控制保护层，由 CSD-353A 控制装置和 CSD-601 扩展 I/O 装置组成；CSD-353A 控制装置采用 IEC 61850/MMS 协议通过电以太网双网链路与 SCADA 系统通信，采用 IEC 61850/GOOSE 协议通过光以太网双网链路与 I/O 层 CSD-601 设备通信，采用 IEC 60044－8 协议与阀控点对点（A-A、B-B）通信，采用 IEC 60044-8 协议与直流保护交叉冗余通信。CSD-353A 控制装置通过冗余站控 LAN 与交流站控（CSD-356）完成交流串开关、刀开关控制；通过冗余站控 LAN 与直流站控（CSD-355）完成协调控制功能；通过交换机与 CSD-601 扩展 I/O 装置通信，完成阀厅、阀冷、联接变压器和辅助设备的信号交互。

330. 鲁西柔性直流单元控制装置的内部架构是怎样的？

鲁西柔性直流单元控制装置采用插件式结构，主要有 DSP 插件、逻辑处理插件（又称 SCC 插件）、智能网口插件（又称 GOOSE 插件）、交流插件、阀控接口插件、直流保护接口插件、管理插件（也称 MASTER 插件）、开入开出插件（DI/

DO 插件）和电源插件等，不同插件之间通过冗余的内部高速总线实现数据交互。通信架构如图 8-3 所示。

逻辑处理插件运行可视化程序，DSP 插件主要运行非可视化的 DSP 程序；交流插件负责交流电压电流等模拟量的采集；开入开出插件负责屏柜电源正常信号、电压互感器端子箱送过来的辅助触点闭合信号、复归按钮、ESOF 按钮等开入信号的采集与跳闸信号等开入信号的输出，接口插件负责与阀控和保护的通信；管理插件负责控制装置与监控系统的通信。

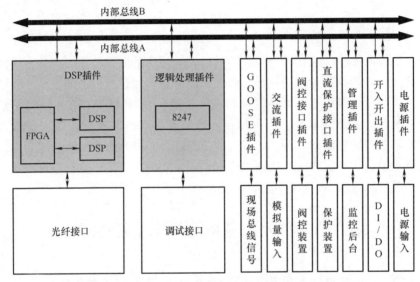

图 8-3　柔性直流装置内部通信架构图

331. 鲁西柔性直流单元控制系统的软件架构是怎样的？

鲁西柔性直流单元控制软件包括两部分，如图 8-4 所示，一部分是由 C 语言代码实现，一部分由可视化编程语言实现。C 语言实现的功能主要包括锁相环、有功功率控制、无功功率控制、直流电压控制、V/f 控制、低电压穿越功能和高电压穿越功能。可视化编程语言主要实现功率目标值生成（APC）、解锁和闭锁功能（MSQ）、充电和解释运行条件判断（RSQ）、顺序操作控制（SSQ）、联接变压器分接头控制（TCC）、跳闸逻辑判断（PAD）、联接变压器控制（TRCC）、阀冷控制（VCCP）。

332. 鲁西柔性直流单元控制系统中的 C 语言程序顺序执行配置了哪些函数？

程序按优先级配置了 Main 函数、100μs 中断函数、1ms 中断函数。

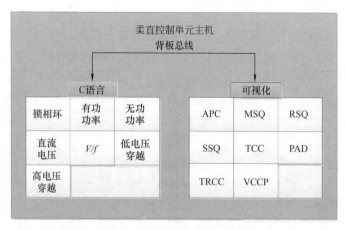

图 8-4　鲁西柔性直流单元控制系统程序功能分布说明

🔘 333. 鲁西柔性直流单元控制系统中的 C 语言程序 Main 函数的功能是什么?

Main 函数主要实现零漂/增益/压板处理、遥信/遥测上送、遥控/遥调接收、事件报文处理等功能,Main 函数的流程图如图 8-5 所示。

🔘 334. 鲁西柔性直流单元控制系统中的 C 语言程序 100μs 中断函数的功能是什么?

100μs 中断函数主要实现采样缓冲区处理、控制算法变量处理、有功功率控制、无功功率控制、直流电压控制、冗余数据等,其流程图如图 8-6 所示。

🔘 335. 鲁西柔性直流单元控制系统中的 C 语言程序 1ms 中断函数的功能是什么?

1ms 中断函数主要实现系统监视告警、模拟量滤波处理、保护逻辑判别、保护动作事件填写、保护元件出口指令及有效标志下发等,流程图如图 8-7 所示。

🔘 336. 鲁西柔性直流单元控制装置是如何进行冗余配置的?

鲁西柔性直流单元控制系统采用双重化的配置方案,即配置独立的双重化控制主机,每一套控制主机的测量回路、电源回路及通信接口回路均按照完全独立的原则设计。系统独立完成自身监视和相互监视,自动实现故

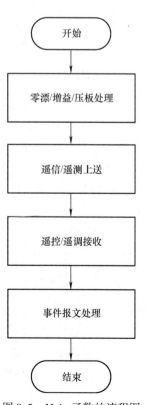

图 8-5　Main 函数的流程图

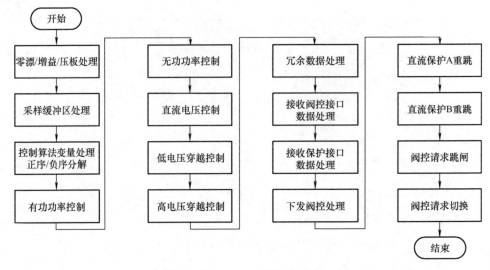

图 8-6　100μs 中断函数流程图

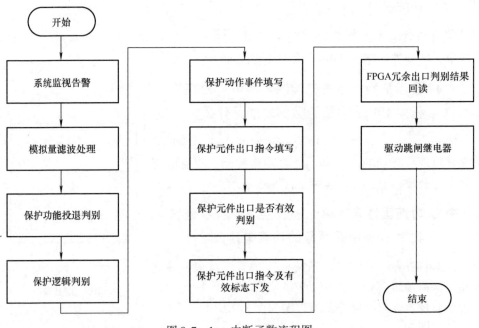

图 8-7　1ms 中断函数流程图

障监视后的处理。两套控制主机之间通过主 CPU 插件的两路冗余网络进行数据交换。在正常运行时,两套系统采用一主一备运行的配合模式,当主套装置(值班系统)发生严重故障时,可以在线切换到另一套控制装置运行,切换过程中不会对整个直流系统控制产生影响。如图 8-8 所示为柔性直流控制装置的切换逻辑示意图。

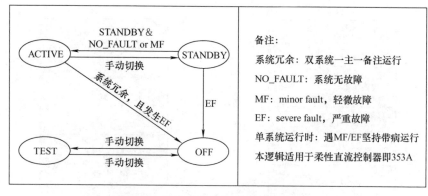

图 8-8　柔性直流控制装置的切换逻辑

337. 鲁西柔性直流单元冗余控制装置是如何进行切换的？

鲁西柔性直流单元冗余控制装置的主备切换有两种方式：一种是手动切换方式，即通过屏柜前的切换按钮或运行人员从 SCADA 系统下发的切换指令对装置工作状态进行的切换；另一种是自动切换方式，即各种装置故障导致的装置工作状态切换。

338. 鲁西柔性直流单元控制装置的切换时序是怎样的？

鲁西柔性直流单元控制系统的切换方式采取发送切换指令的方式实现，值班主机发起请求切换指令，当备机升为值班主机切换成功后，原值班主机状态暂时维持不变，待接收到新的值班主机状态后，原值班主机降 STANDBY 或降 OFF，双主时间约为 $100\mu s$，如图 8-9 所示。

339. 鲁西柔性直流单元控制装置的硬件构成是怎样的？

鲁西柔性直流单元控制装置完成柔性直流单元控制系统的各项控制功能，包括：与运行人员工作站以及远动工作站的通信，通过站控 LAN 的接口实现与直流站控、交流站控的通信，与集中故障录波的通信，与柔性直流单元保护的通信，主时钟信号接入，系统模拟量接入，GOOSE 总线接入。柔性直流控制单元控制装置插件配置图如图 8-10 所示，主要有：DSP 插件、智能网口插件（GOOSE）、阀控接口插件、交流插件、直流保护接口插件、逻辑处理插件、管理插件、DI/DO 插件、电源插件等。

340. 鲁西柔性直流单元控制装置内部的 DSP 插件起什么作用？

DSP 插件的作用是完成采样数据的接收和计算处理；配置有主机对外的通信扩展接口（包括故障录波等）、冗余系统间通信接口、端间数据通信接口，光纤 B 码

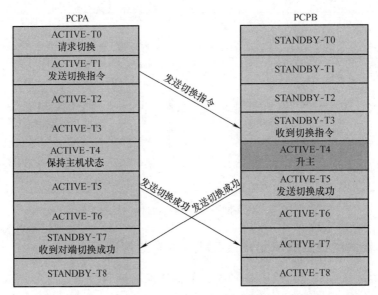

图 8-9   柔性直流控制单元切换示意图与流程图

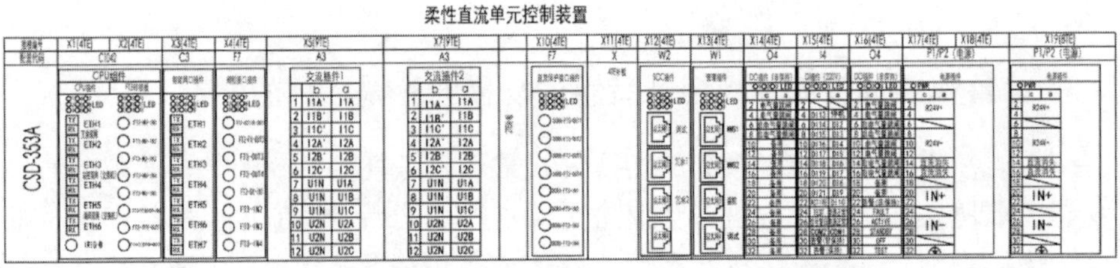

柔性直流单元控制装置

图 8-10   柔性直流控制单元控制装置插件配置图

输入等功能。

341. 鲁西柔性直流单元控制装置内部的智能网口插件起什么作用？

智能网口插件（GOOSE 插件）完成与智能终端设备的通信功能，用于现场 I/O 扩展，分为 A/B 双网。单网通信中断报轻微故障；双网中断则系统切换，本控制装置失去冗余能力。

342. 鲁西柔性直流单元控制装置内部的阀控接口插件起什么作用？

阀控接口插件实现与柔性直流单元阀控主机 VCP 的通信，由三根光纤组成，一根用于将本装置值班信号告知阀控，另外两根与阀控进行一收一发通信。

343. 鲁西柔性直流单元控制装置内部的交流插件起什么作用？

交流插件的作用为：实现电压、电流模拟量的输入变换功能。

344. 鲁西柔性直流单元控制装置内部的交流插件故障有什么后果？

交流插件的故障后果为：交流插件属于非芯片插件，插件均是二次 CT 和 PT 组成。当发生插件故障，即表示二次 CT 或 PT 损坏，导致的后果是测量值二次转变异常，等同于测量系统测量值异常偏高或异常偏低。

345. 鲁西柔性直流单元控制装置内部的直流保护接口插件起什么作用？

直流保护接口插件采用 IEC 60044-8 协议与直流保护装置交叉冗余通信。与直流保护装置单网通信中断报轻微故障；双网通信中断则系统切换。

346. 鲁西柔性直流单元控制装置内部的逻辑处理插件起什么作用？

逻辑处理插件（SCC 插件）运行可视化程序，用于实现自动功率控制、解锁和闭锁功能、充电和运行条件判断、顺序操作控制、联接变压器分接头控制、联接变压器冷却器控制、跳闸逻辑判断、阀冷控制等功能。

347. 鲁西柔性直流单元控制装置内部的管理插件起什么作用？

管理插件（MASTER 插件）实现与 SCADA 系统通信、调试工具接口等功能。管理插件发生故障，会导致柔性直流单元控制装置与 SCADA 系统和人机界面通信中断，SCADA 系统或人机界面无法向柔性直流单元控制装置下发新的指令。

348. 鲁西柔性直流单元控制装置内部的 DO 插件起什么作用？

DO 插件实现柔性直流单元控制装置对开出节点的控制功能。

349. 鲁西柔性直流单元控制装置内部的 DI 插件起什么作用？

DI 插件实现柔性直流单元控制装置对开入信号的采集功能。

350. 鲁西柔性直流单元控制装置采用什么样的供电模式？

鲁西柔性直流单元控制装置采用双板卡配置，为机箱提供冗余的工作电源，每一路工作电源均配置了监测继电器，继电器信号通过 DI 插件送入电源插件，作为判断是否工作正常的开关量。单电源故障报轻微故障，双电源故障则装置切换。

351. 鲁西柔性直流单元控制装置的复归按钮有什么作用？

复归按钮按下后，DSP 程序与可视化软件均有相应的复归逻辑。柔性直流单元控制装置 DSP 程序在收到"装置复归"命令后会进行以下操作：清除装置内所有的告警标志，同时收回所有告警报文；复位装置面板上的告警指示灯，即该告警灯熄灭；收回所有的开出传动信号；复归所有的开入开出板卡，向所有的开入开出板发出自检命令。柔性直流单元控制装置可视化逻辑在收到"装置复归"命令后，对 RS 跳闸保持器进行复归，若此时 RS 保持器左侧跳闸信号源依然存在，则无法复归"闭锁跳闸动作信号"，若此时 RS 保持器左侧跳闸信号源消失，"闭锁跳闸动作信号"复位。

第七节　单元控制系统控制功能

352. 柔性直流单元有哪些运行方式？

柔性直流输电通过控制换流阀输出交流电压相位和幅值即可分别实现对有功和无功的独立控制，功率升降速率快，能够迅速提升回降有功来帮助维持系统频率的稳定，能够为系统提供快速动态无功支撑以抑制交流电压的波动。

柔性直流控制装置有有功和无功两个控制量，直流电压（V_{dc}）、有功功率（P）、频率（F）为有功控制分量，交流电压（V_{ac}）与无功功率（Q）为无功控制分量。鲁西换流站可设置云南至广西正常输电、广西至云南正常输电、广西黑起动运行、云南黑起动运行、STATCOM 运行、OLT 运行共 6 种运行方式。

353. 什么是 STATCOM 运行模式？

STATCOM 运行模式是指柔性直流系统与交流系统只交换无功功率，不交换有功功率的运行状态。

354. 鲁西柔性直流单元控制装置有哪些测量量？

鲁西柔性直流单元测量装置分为三部分：直流测量量与桥臂电流、起动回路电流、联接变压器阀侧中性点电流通过电子式互感器测量；网侧电压、阀侧电压、网侧电流、阀侧电流通过常规的 PT 和 CT 测量；联接变压器网侧中性点偏磁电流通过基于霍尔元件的电子式互感器测量。测点如图 8-11 所示。

355. 鲁西柔性直流单元控制装置有哪些外部接口？

鲁西柔性直流单元控制装置与保护系统、阀控系统、交直流站控系统等外部装置进行信息交互。以柔性直流单元控制 A 系统为例，控制装置与时钟装置通过 B 码对时，通过与合并单元装置相连采集直流侧电压电流量，通过交流插件采集交流量，通过 DI/DO 插件实现开入开出，通过 GOOSE 网现场总线采集阀厅设备、联接变压器、阀冷等设备状态信息，通过站控 LAN 与交直流站控相连，通过监控 LAN 与监控后台相连，与保护 A 和保护 B 分别通过双收双发通信，与阀控 A 系统单套通信，与单元控制 B 系统交互信息，并将控制单元的关键信息送入录波装置。

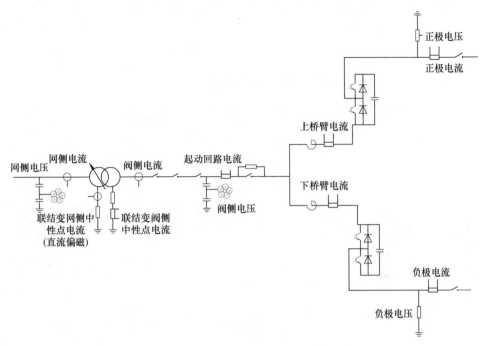

图 8-11　鲁西柔性直流单元单端测点示意图

356. 柔性直流换流站的过负荷设计是怎样的？

柔性直流换流站可以设置过负荷限制功能。过负荷限制包含短时过负荷限制和长期过负荷限制。

357. 确定短时过负荷能力应考虑哪些因素？

确定系统当前短时过负荷能力时，应考虑以下条件：

1）环境温度。

2）阀冷却与联接变压器冷却的冗余系统可用/不可用的情况。

3）当前过负荷电流值。

4）当前已经过负荷运行的时间。短时过负荷能力与环境温度，以及当前已经过负荷运行的时间之间的关系也应该是连续的函数，不接受简单的阶梯式的过负荷功能设计。当已经到达了短时过负荷能力极限时，过负荷限制功能应对电流指令进行限幅，把直流输送的功率恢复到安全极限之内，并向 SCADA 系统报警。

358. 柔性直流单元控制系统实现哪些功能？

柔性直流单元控制系统主要实现，与直流站控的接口功能、系统级控制功能、换流器级控制功能、换流器与阀级的接口功能。

柔性直流单元控制层的基本功能包括：柔直系统起停控制、柔直系统顺序控制，柔性直流单元功率综合控制，换流器级控制功能，单元层系统监视，紧急闭锁控制、冗余切换控制、故障录波，站内通信接口等。

359. 柔性直流单元控制系统的功能是如何分层的？

柔性直流单元控制系统的分层分级控制功能如图 8-12 所示，其中柔性直流单元控制装置主要实现换流器级控制功能、换流器与直流站控的接口功能、换流器与直流保护的接口功能、换流器与阀级的接口功能，并配置了相应的保护功能。

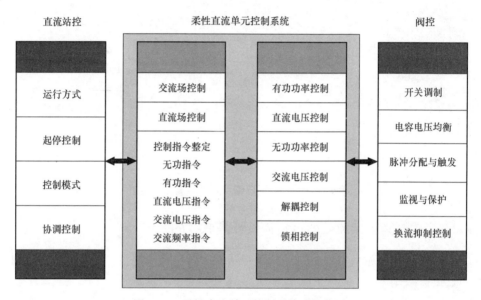

图 8-12　柔性直流单元控制系统功能分层

360. 柔性直流单元控制装置设置了哪些控制功能？

柔性直流单元控制功能主要包含顺序控制和解耦控制两方面，前者包括了功率控制、充电与解锁允许控制、解闭锁控制、顺序控制、联接变压器分接头控制等，后者主要是柔性直流最基本的电压外环与电流内环逻辑。解耦控制是在同步旋转坐标系下对柔性直流单元进行有功和无功控制，结构上分为外环和内环控制，其中外环控制包括有功类控制（有功功率控制、直流电压控制、频率控制）和无功类控制（无功功率控制、交流电压控制），内环控制包括电流闭环控制和桥臂环流抑制。当柔性直流单元用于交流系统黑起动时，还具备 VF 控制功能。

361. 什么是充电与解锁允许控制（RSQ）？

RSQ 控制包括充电允许和解锁允许命令的生成。充电允许是指换流阀、联接变压器等一次设备均已具备带电条件、控制保护功能均已可靠投入，是柔性直流系统从备用状态切换到闭锁状态所必须判断的一个条件。解锁允许是判断换流阀是否能解锁的条件。两端功率传输方式下，换流阀解锁需要两端均处于解锁允许状态。单端运行方式下，需要本侧处于解锁允许状态。

362. 鲁西柔性直流单元 OLT 运行时解锁允许控制判据是什么？

OLT 运行时解锁允许条件（与逻辑）包括：柔性直流功率传输方向一致或本侧 OLT 方式投入或本侧 STATCOM 方式投入；硬件系统正常（SCC 插件工作正常，和其他插件通信正常）；本侧没有紧急闭锁指令（无电气量保护与非电气量保护出口的紧急闭锁指令）；直流保护投入（至少一套）；PCP 解锁允许（正极直流电压和负极直流电压之差的绝对值 > 0.7pu，1pu 对应 700kV，充电完成，阀控自检正常，逻辑板卡正常，阀控解锁允许，无禁止换流器解锁）；阀冷系统准备就绪；本侧不在解锁状态；本侧充电旁路刀开关处于合闸状态；正极直流电压和负极直流电压之差的绝对值 ≤ 0.8pu，1pu 对应 700kV；本侧在极连接，对侧在极隔离；联接变压器进线间隔在备用状态。

363. 鲁西柔性直流单元非 OLT 运行且在黑起动模式时解锁允许条件是什么？

非 OLT 运行且在黑起动模式时解锁允许条件（与逻辑）包括：硬件系统正常（SCC 插件工作正常，和其他插件通信正常）；本侧没有紧急闭锁指令（无电气量保护与非电气量保护出口的紧急闭锁指令）；直流保护投入（至少一套）；PCP 解锁允许（正极直流电压和负极直流电压之差的绝对值 > 0.7pu，其中 1pu 对应 700kV，充电完成，阀控自检正常，逻辑板卡正常，阀控解锁允许，无禁止换流器解锁）；阀冷系统准备就绪；本侧不在解锁状态；本侧起动回路电阻旁路刀开关处于合闸状态；常规直流和柔性直流功率的传输方向一致。

364. 鲁西柔性直流单元非 OLT 运行且非黑起动模式时解锁允许条件是什么？

非 OLT 运行且非黑起动运行模式时解锁允许条件（与逻辑）包括：阀侧线电压正常；联接变压器进线间隔在备用状态；硬件系统正常（SCC 插件工作正常，和其他插件通信正常）；本侧没有紧急闭锁指令；直流保护投入（至少一套）；PCP 解锁允许（正极直流电压和负极直流电压之差的绝对值 > 0.7pu，其中 1pu 对应 700kV，充电完成，阀控自检正常，逻辑板卡正常，阀控解锁允许，无禁止换流器解锁）；阀冷系统准备就绪；本侧不在解锁状态；本侧充电旁路刀开关处于合闸状态；常规直流和柔性直流功率的传输方向一致或按 STATCOM 方式运行。

365. 什么是解闭锁控制？

解闭锁控制（MSQ）是指基于柔性直流采集的开关量和模拟量信息，根据监控后台下发的解锁或闭锁指令，完成柔性直流控制 PCP 的解锁、闭锁指令的生成。

366. 解锁控制的流程是怎样的？

充电完成后，如果解锁允许条件满足（RSQ 判定），此时由闭锁状态操作至解锁状态（闭锁-解锁两侧是联动的，操作任何一侧效果一样），柔直系统顺控逻辑将按照整流站先解锁、逆变站延时 200ms 后解锁的顺序，进行解锁操作。整流站有功类控制运行在直流电压模式（V_{dc}），逆变站有功类控制运行在定功率模式（P），两端系统均解锁后，整流站按照设定的直流电压升降速率，引导直流电压上升至额定值，在直流电压达到 0.95pu 后，达到运行状态，逆变站有功、无功将按照设定的速率，向目标值进行升降。

367. 产生闭锁指令的条件有哪些？

闭锁指令的产生有以下条件（或逻辑）：

1）顺控在自动模式下、手动下发闭锁指令，直流系统自动执行解锁到备用闭锁。

2）顺控在自动模式下、手动下发备用指令，直流系统自动执行备用到闭锁顺控。

3）功率传输模式下，本侧电气量或非电气量保护跳闸产生的紧急闭锁指令。

4）功率传输模式下，端间通信送过来的对端系统闭锁指令。

5）本侧在整流状态，闭锁条件满足后，延时 60ms，产生停运闭锁指令。

6）本侧在逆变状态，闭锁条件满足后，延时 100ms，产生停运闭锁指令。

368. 功率控制的功能是什么？

功率控制（APC）主要完成柔性直流系统运行过程中各种控制目标值的生成，包括直流电压目标值、有功功率目标值和无功功率目标值等，同时，柔性直流系统阀冷降功率、3s 过负荷和功率提升/回降功能也在 APC 中实现。

369. 鲁西柔性直流单元阀冷降功率控制的逻辑是怎样的？

阀冷系统在运行期间，若出现以下任何一种工况，延时 3s 后由阀冷系统向控制保护系统发出功率回降信号，控制保护系统按照每 10s 降功率 5%，直至 85%，功率降至 85% 后，延时 5min，若以下任何一种情况依然存在，由控制保护系统闭锁该阀组。

工况 1：换流阀进水温度 T_{in} ≥换流阀进水温度高报警值 $T_{inalarm}$；

工况 2：换流阀出水温度 T_{out} _ 换流阀进水温度 $T_{in} \geqslant 11℃$。

370. 鲁西柔性直流单元 3s 过负荷控制的逻辑是怎样的？

鲁西柔直换流阀具备 3s 过负荷运行能力，过负荷能力为 1080MW，连续两次过负荷的最小时间间隔为 10min，不受冗余冷却器可用条件的影响。

371. 直流站控接口的功率提升/回降控制逻辑是怎样的？

功率提升/回降控制功能在柔性直流损失发电功率或甩负荷故障时起作用，提供 5 个功率级别的功率提升/回降，每级功率提升/回降的功率定值、提升/回降速率由总调确定，提升/回降指令通过安稳装置接入。

372. 柔性直流单元控制装置的有功功率控制逻辑是怎样的？

柔性直流单元控制装置执行改变有功功率命令时，有功功率按线性变化至预定的功率目标值。当有功功率爬升至预定的功率目标值时，功率的升降过程停止。对于正在进行中的功率升降过程，可通过激活有功功率调节暂停功能（PPO_HOLD）实现手动停止。有功功率控制功能包括选择有功功率目标值和有功功率目标值爬坡处理两方面的逻辑。

373. 柔性直流单元控制装置的无功功率控制逻辑是怎样的？

柔性直流单元控制装置执行改变无功功率命令时，无功功率按线性变化至预定的功率目标值。当无功功率爬升至预定的功率目标值时，功率的升降过程停止。对于正在进行中的功率升降过程，可通过激活有功功率调节暂停功能（PPO_HOLD）实现手动停止。无功功率控制功能包括选择无功功率目标值和无功功率目标值爬坡处理两个方面。

374. 柔性直流单元联接变压器的档位是如何选择的？

联接变压器有载分接头调节主要用于交流电网电压 U'_S 波动时，使得换流器的运行范围在满足系统要求的同时，将电压调制比限制在一个合理的值。

设交流电网电压 U'_S 波动率为 $\pm \eta$，当交流电网电压达上限时，即 $(1+\eta)U'_S$ 时，需满足下式

$$\left(\frac{U_{Sa}\mu M_{max}}{\omega L} \frac{U_d}{\sqrt{2}} \right)^2 = P^2 + \left(-Q_1 - \frac{U_{Sa}^2}{\omega L} \right)^2$$

$$U_{Sa} = \frac{(1+\eta)U'_S}{1+Dn_{asc}}$$

式中，n_{asc} 是联接变压器正分接头；D 是联接变压器分接头级差；Q_1 为 MCC 向交流系统可发出的最大无功功率。

若联接变压器的分接头满足前述公式的条件，则在其他运行工况下，都可以通过分接头的调节，使得调制比 M 小于 $M_{\max}$。

当交流电网电压达下限时，即 $(1-\eta)U'_\mathrm{S}$ 时，同理需满足下式

$$\left(\frac{U_{\mathrm{Sa}}\mu M_{\min}}{\omega L \sqrt{2}}U_\mathrm{d}\right)^2 = P^2 + \left(Q_2 - \frac{U_{\mathrm{Sa}}^2}{\omega L}\right)^2$$

$$U_{\mathrm{Sa}} = \frac{(1-\eta)U'_\mathrm{S}}{1 - Dn_{\mathrm{dsc}}}$$

式中，n_{dsc} 是联接变压器负分接头；Q_2 为 MCC 吸收的最大无功功率。若联接变压器的分接头满足上述公式的条件，则在其他运行工况下，都可以通过分接头的调节，使得调制比 M 大于 $M_{\min}$。

▶ 375. 鲁西柔性直流单元的联接变压器的分接头控制逻辑是怎样的？

鲁西柔性直流单元联接变压器配置了以阀侧电压和调制比两种不同控制目标的分接头控制逻辑。联接变压器分接头控制逻辑框图如图 8-13 所示。

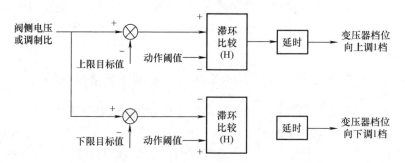

图 8-13　柔性直流联接变压器分接头控制逻辑框图

阀侧电压（或调制比）与上限目标值相减之后，与动作阈值进行滞环比较，延迟一段时间后得到变压器档位上调的信号。其中设置滞环比较的环节是为了减小滞环比较的输入信号扰动对控制输出信号的不利影响。档位下调的控制逻辑与上调的类似。

其中，可以进行参数设置的控制参数有上下限目标值和动作阈值。在本报告中，以阀侧电压为控制目标的联接变压器分接头控制的上下限目标值选取为 1.0pu，动作阈值选取为分接头级差的大小 0.0125pu。以阀侧调制比为控制目标的联接变压器分接头控制的上下限目标值选取为 0.9 与 0.87，动作阈值为 0.0125pu。

▶ 376. 鲁西柔性直流单元联接变压器的分接头控制方式有哪些？

鲁西柔性直流单元联接变压器的分接头控制具有手动控制和自动控制两种模式。当运行在手动控制模式时，可单独调节单个联接变压器的分接头，也可同时调节所有联接变压器的分接头。如果选择了单独调节分接头，那么在切换回自动控制

前，必须对所有联接变压器的分接头进行手动同步。分接头被升/降至最高/最低点时，单元控制系统发出信号至 SCADA 系统，并禁止分接头继续升高/降低。联接变压器为有载调压，自动模式下其分接头的控制策略为控制换流器的调制比或联结变阀侧的交流电压，使调制比或交流电压位于死区范围内。

377. 鲁西柔性直流单元分接头手动控制的操作流程是什么？

鲁西柔性直流单元分接头手动控制模式可以选择对单相或三相分接头进行升降操作。如果选择三相同时操作，则必须在操作前先将三相分接头进行手动同步到同一档位。分接头手动控制模式应避免在柔性直流系统运行期间使用。

378. 鲁西柔性直流单元分接头自动控制的操作流程是什么？

鲁西柔性直流单元分接头自动控制模式中的分接头 A、B、C 三相档位必须一致。柔性直流系统黑起动方式下，若本侧联接变压器已充电（判别条件为网侧交流电压大于 0.7pu），联接变压器的分接头将以中间档为目标进行档位调节。中间档位为 5 档，总共分为 1~9 档，每档调节电压对应为 0.0125pu。若联接变压器未充电（判别条件为网侧交流电压低于 0.7pu），分接头以对应联接变压器二次电压最低的档位为目标进行调节。柔性直流系统非黑起动方式下，若联接变压器未充电，分接头以对应联接变压器二次电压最低的档位为目标进行调节。柔性直流联接变压器已充电方式下，需进一步判断换流阀是否处于解锁状态。若换流阀未解锁，分接头调节将以联接变压器阀侧理想空载电压为控制目标。柔直换流阀已解锁，分接头调节将按照阀侧电压控制方式（阀压模式）或脉冲调制比控制方式（调制比模式）进行调节。阀压模式是以阀侧理想空载电压为参考值，进行分接头档位调节。能够保证阀侧电压的稳定，避免阀侧过电压。阀压模式时控制的电压是 A 相电压。调制比模式是以柔性直流调制比为目标，进行分接头档位调节，控制的电压是 B 相电压，能够保证调制比的稳定，避免过调制。

379. 柔性直流单元的控制模拟量是如何进行处理的？

矢量控制主要采用的模拟量有联接变压器网侧电压（U_{acD}）、联接变压器网侧电流（I_{acD}）、起动回路电流（I_{vc}）、正极电压（U_{dP}）、负极电压（U_{dN}）、正极电流（I_{dP}）、负极电流（I_{dN}）。直流电压经过 2 阶巴特沃斯低通滤波器滤波，直流有功功率和交流无功功率经一阶低通滤波器滤波。

380. 什么是锁相环控制？

通过锁相环获得电网电压同步旋转坐标系的角度，是实现有功无功解耦控制的前提。鲁西柔直控制单元的锁相环控制以系统相电压为基础，主要包括坐标变换、正序电压提取、PI 调节。数字锁相环的性能与序分量分解的准确性及快速性密不可分。

⊙ 381. 什么是直流电压裕度控制？

直流电压环主要用于控制直流母线的输出电压，与有功功率闭环类似，均属于有功控制外环。对于每个站稳态运行而言，两个有功控制外环只能是二者选其一，根据不同的控制方式来选择不同的有功控制外环。直流电压裕度控制不依赖上层控制系统，不需要高速站间通信协调；控制直流电压的主换流器退出时，对侧换流站自动平滑切换为控制直流电压（辅助直压控制）。

鲁西背靠背换流站工程中，送端（整流）为控制直流电压端，受端（逆变）为控制功率端。送端控制 1pu 的直流电压，受端控制 0.9pu 的直流电压，当送端发生交流系统故障，送端换流器无交流系统条件继续维持 1pu 直流电压稳定，此时受端继续按目标功率输出。由于受端持续有功功率输出，直流电压会衰减到 0.9pu 门槛，受端将自动切换到 0.9pu 直流电压控制，保证直流电压的稳定；当送端交流系统恢复正常，送端自动恢复 1pu 直流电压控制，直流系统恢复。

⊙ 382. 什么是有功类外环控制？

有功功率闭环控制属于外环控制，将柔性直流单元有功功率进行闭环 PI 调节生成电流内环的目标电流值。与直流电压环类似，均属于有功控制外环。根据不同的控制方式来选择不同的有功控制外环。

有功类外环控制包括有功功率控制、直流电压控制。以鲁西站为例，在直流电压控制方式下，整流侧控制直流母线正负极间电压 U_d 为 700kV；在有功控制方式下，可以在 SCADA 界面手动输入正向或者反向传输有功数值指令，可以在一定范围内调节柔性直流有功功率。

为了避免交流系统故障，设置送端为直流电压控制，受端为有功功率控制；如果送端交流故障，直流电压失去主动控制能力，当直流电压降低到 0.9pu 时，受端将自动接管直流电压控制。

⊙ 383. 什么是无功类外环控制？

无功功率控制外环主要是用于控制柔直换流器的输出无功。即在换流器的容量范围内，将换流器输出的无功控制在期望值附近。无功类外环控制包括定无功功率控制、定交流电压控制。无功功率控制以联接变压器网侧无功为目标；定交流电压控制以网侧电压为目标，两者选其一。

⊙ 384. 什么是电流内环控制？

电流内环控制环节接受来自外环控制的有功、无功电流的参考值 I_{dref} 和 I_{qref}，并快速跟踪参考电流，实现换流器交流侧电流幅值和相位的直接控制。电流内环控制采用双 dq 解耦控制（正序、负序）；正序 dq 轴对有功无功电流参考值进行跟踪，

负序 dq 轴将负序电流分量控制为零。

385. 鲁西柔直换流器的控制模式包括哪几种？

柔性直流控制装置有有功和无功两个控制量，直流电压（V_{dc}）、有功功率（P）、频率（f）为有功控制分量，交流电压（V_{ac}）与无功功率（Q）为无功控制分量。鲁西柔直换流器的控制模式包括：PQ 模式、$V_{dc}Q$ 模式、V/f 模式、STATCOM 模式四种。

386. 什么是 PQ 模式？

在功率传输模式下，配置逆变侧控 PQ 模式，控有功功率和本侧无功功率。

387. 什么是 $V_{dc}Q$ 模式？

在功率传输模式下，配置整流侧处于 $V_{dc}Q$ 模式，控直流电压和本侧无功功率。

388. 什么是 V/f 控制？

在黑起动运行方式下，有源侧控制直流电压，并在失电的逆变侧建立起交流电压。当大电网交流系统出现无电源情况，可通过恒压恒频控制，建立一个系统电压，支撑大电网系统负荷。

389. STATCOM 模式下柔直单元如何动作？

在 STATCOM 模式下，本端直流极刀开关断开（极隔离），柔性直流单元相当于一个 STATCOM 装置，可单独发出无功。在 OLT 模式下，本端直流极刀开关闭合（极连接），对端直流极刀开关断开（极隔离），主要测试一次设备的绝缘性能，不传输有功、无功功率。

390. 鲁西直流不同运行方式下两端柔直换流器的控制模式是怎样的？

不同运行方式下两端柔直换流器的控制模式见表8-2。

表 8-2　控制模式定义表

运行方式	云南侧（控制模式）	广西侧（控制模式）
柔性直流云南至广西正常输电	(V_{dc}/Q)、(V_{dc}/V_{ac})	(P/Q)、(P/V_{ac})
柔性直流广西至云南正常输电	(P/Q)、(P/V_{ac})	(V_{dc}/Q)、(V_{dc}/V_{ac})
广西侧黑起动	(V_{dc}/Q)	V/f
云南侧黑起动	V/f	(V_{dc}/Q)
STATCOM	(V_{dc}/Q) /停运	(V_{dc}/Q) /停运
OLT	$V_{dc}Q$/停运	$V_{dc}Q$/停运

391. 如何生成初步调制波？

调制波的生成包括两个部分：一是根据运行模式，选择内环电流控制输出的 V_d/V_q 电压和系统相位还是 V/f 控制模式的 V_{d_isl}/V_{q_isl} 电压和自产相位。V_d/V_q 电压需经过转换为两相静止坐标系（极坐标），并和直流电压额定值比较转换为调制比数值。

392. 单元控制系统如何抑制桥臂环流？

柔性直流单元控制装置设置了环流抑制控制功能，但实际未投入，可通过压板投退。鲁西背靠背直流系统的桥臂环流抑制功能由阀控装置实现。桥臂环流控制目标是桥臂电流的 2 倍频分量，具体机理不再赘述，目标公式如下：

$$\begin{cases} i_{ap} = \dfrac{1}{3}I_d + \dfrac{1}{2}I_a + i_{w\_a} = \dfrac{1}{3}I_d + \dfrac{\sqrt{2}}{2}I_a\sin(\omega_0 t - \phi) + I_w\sin(2\omega_0 t - \phi_w) \\ i_{an} = \dfrac{1}{3}I_d - \dfrac{1}{2}I_a + i_{w\_a} = \dfrac{1}{3}I_d - \dfrac{\sqrt{2}}{2}I_a\sin(\omega_0 t - \phi) + I_w\sin(2\omega_0 t - \phi_w) \end{cases}$$

上下桥臂电流的和除以 2，经过 2×PLL 相位进行坐标变换。其中桥臂电流正方向为从正极流向负极，桥臂环流体现为负序 2 倍频分量。I_{aP}、I_{bP}、I_{cP} 为三相上桥臂电流，I_{aN}、I_{bN}、I_{cN} 为三相下桥臂电流。桥臂电流正方向为从正极流向负极，桥臂环流体现为 2 倍频分量。

393. 交流故障情况时的控制策略有哪几种？

交流故障情况下，柔直换流器的主要目标是为系统提供一定的无功支撑，并尽量保证换流器不脱网运行。交流故障情况下，因故障电流较大，交流电压畸变，柔直换流器过流能力有限，为了保证故障过程中不影响阀组设备安全，必须采取特殊的控制措施，限制故障电流。

在交流系统出现对称或者非对称故障下，通过采取特殊的穿越控制策略，利用换流器的快速响应能力，可以提高柔性直流输电系统的故障穿越能力。进入故障穿越功能判据分为低电压穿越、高电压穿越和电压变化率。同时为了配合低电压穿越逻辑，阀控设备和 PCP 均配置了短时闭锁逻辑。

394. 交流故障情况下的低电压穿越策略是什么？

当交流电压（正序电压模值）低于 0.85pu，则进入低电压穿越。低穿过程中的处理逻辑为：无功：暂态交流电压控制，发出无功，无功电流最大为 0.45pu；有功：有功电流最大为 sqrt（1 − 0.45×0.45）= 0.893，如果故障前的有功功率大于该限幅值，则有功电流从故障前的值经爬坡降到 0.893pu，如果故障前的有功功率小于该限幅值，则有功电流保持为故障前的值，清掉有功功率闭环或者直流电压环的输出及积分项。

当交流电压（正序电压模值）高于一定值后，则恢复正常控制。

395. 交流故障情况下的高电压穿越策略是什么？

交流电压（正序电压模值）高于1.3pu后，进入高电压穿越。

高穿过程中的处理逻辑为：无功：暂态交流电压控制，吸收无功，无功电流最大为0.45pu；有功：有功电流最大为 sqrt（1 − 0.45×0.45）=0.893，如果故障前的有功功率大于该限幅值，则有功电流从故障前的值经爬坡降到0.893pu，如果故障前的有功功率小于该限幅值，则有功电流保持为故障前的值，清掉有功功率闭环或者直流电压环的输出及积分项。

交流电压（正序电压模值）低于一定值（1.25pu）后，则恢复正常控制。

396. 辅助直压控制策略是什么？

逆变站有功类控制模式稳态为定功率控制（P）模式，为了避免整流站出现暂时性问题（例如整流站交流故障）时，直流电压持续降低引起系统过调制崩溃问题，为逆变站配置辅助直压环，直流电压参考值为额定值的0.9pu。逆变站的 d 轴电流参考值采用比较的方式选取，选择功率控制器与辅助直压控制器输出 d 轴电流参考中较大的一个，简单地理解为，直流电压低于0.9pu时，辅助直压环将动作，接管 d 轴电流控制权，防止直流电压进一步下降。

397. 交流故障情况下电压变化率的判断策略是什么？

对于远端故障而言，低电压穿越和高电压穿越的灵敏度不足，因此配置电压高、电压低和电压变化率判断，如果电压绝对值小于0.9pu、大于1.1pu或者每5ms电压变化超过15kV，则进入电压变化率穿越逻辑，此时有功控制保持不变，无功类控制由定无功功率或稳态调压模式转换为暂态调压模式，最大无功功率为±300Mvar。交流电压正序模值恢复到0.95pu～1.05pu，持续500ms，则退出该暂态调压逻辑。

第八节 单元控制系统保护功能

398. 柔性直流单元控制装置中保护功能的配置原则是怎样的？

柔性直流单元控制装置中的保护功能应自动适用直流系统的各种运行方式，并保证其安全性、可靠性、快速性。根据不同的运行方式，柔性直流单元在控制装置上配置了 OLT 直流保护等保护功能。控制装置在与柔性直流保护单元系统、阀控系统、阀冷系统、联接变压器保护系统、测量系统都有物理信号的连接，控制单元监控自身及其相连设备的运行状态，确保各装置处于严重异常时可靠出口跳闸；同时，控制单元执行直流保护、阀控、非电量保护等重跳逻辑，确保跳闸可靠执行。另外，柔性直流控制单元还需要完成柔性直流控制单元的交流场和直流场的开关和刀开关的顺序控制逻辑，在顺控过程中出现失败之后执行顺控失败逻辑。

399. 柔性直流单元控制装置中的保护功能是怎么分类的？

对于柔性直流单元控制装置配置的保护功能，可分为电气量跳闸和非电气量跳闸两大类，电气量跳闸又分为来自控制单元自身保护动作跳闸、相连装置动作跳闸、顺控失败跳闸。

400. 什么是跳闸矩阵？

跳闸矩阵是保护功能的一个输入参数，其代表的含义是该保护功能出口时具体的操作，对于不同的保护功能，可以通过跳闸矩阵设置不同的出口结果。出口结果包含换流器切换、投旁路、闭锁换流器、非电气量跳闸、直流退出、禁止解锁、闭锁断路器合、电气量跳闸等八类。鲁西柔直各保护功能出口方式跳闸矩阵见表8-3。

表8-3   各保护功能出口方式跳闸矩阵

保护功能	Bit0 换流器切换	Bit1 投旁路	Bit2 闭锁换流器	Bit3 非电气量跳闸	Bit4 直流退出	Bit5 禁止解锁	Bit6 闭锁断路器合	Bit7 电气量跳闸
DCR1 保护	×	×	√	×	×	√	√	√
DCR2 保护	×	×	√	×	×	√	√	√
逻辑电气量跳闸	×	×	√	×	×	×	×	√
VBC 请求跳闸	×	×	√	×	×	×	×	√
急停保护	×	×	√	×	×	×	×	√
直流保护退出	×	×	√	×	√	×	×	√
自主充电失败跳闸	×	×	√	×	×	×	×	√
阀控短时闭锁跳闸	×	×	√	×	×	×	×	√
直流电压低跳闸	×	×	√	×	×	×	×	√
双端无流跳闸	×	×	√	×	×	×	×	√
双主保护断电跳闸	×	×	√	×	×	×	×	√
系统电压异常跳闸	×	×	√	×	×	×	×	√
双套阀控断电跳闸	×	×	√	×	×	×	×	√
双套 MU 故障跳闸	×	×	√	×	×	×	×	√
端间紧急跳闸	×	×	√	×	×	×	×	√
逻辑非电气量跳闸	×	×	√	√	×	×	×	×

401. 柔性直流单元控制装置中保护的冗余与出口方式是怎样的？

柔性直流单元控制装置分 A/B 两套，互为冗余，一主一备。控制系统保护功能出口时，冗余的两套系统均能闭锁自身到阀控的调制波，均会报相关跳闸报文，但仅值班装置会出口跳闸，跳阀侧断路器和联接变压器进线断路器。电气量跳闸和非电气量跳闸分别有一个跳闸回路，分别为跳边断路器、中断路器、阀侧断路器。

402. 柔性直流单元控制装置中各保护在逻辑插件中的实现方式是怎样的？

如图 8-14 所示，不控整流超时、OLT 直流故障、OLT 接地故障、断路器偷跳、对端请求跳闸、最后断路器闭锁跳闸保护、顺控失败等保护功能在逻辑处理插件中实现，该插件处理将所有保护汇总为电气量跳闸与非电气量跳闸，送给 DSP 插件。在 DSP 插件中，逻辑插件的电气量跳闸信号共用一个控制字 0x84。

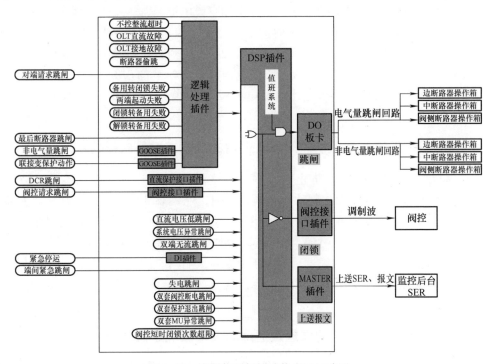

图 8-14　控制装置保护功能出口回路图

403. OLT 直流故障保护的原理及适用的故障工况是怎样的？

OLT 直流故障保护用于防止空载加压试验时由于设备绝缘水平不足或 OLT 功能异常导致的 OLT 试验不成功。设置 OLT 直流故障保护，其与 OLT 接地故障保护相配合，共同检测 OLT 试验下的绝缘水平故障。OLT 直流保护主要检测空载加压时由于设备绝缘损坏导致的直流电压异常和直流电流异常，用于柔性直流设备出现绝缘水平不足时保护换流阀。以鲁西站为例，在 OLT 运行方式，柔性直流阀处于解锁的状态下，以下两种情况均可出口跳闸：一是直流电压控制值与直流电压采样值之差，大于直流电压额定 700kV 的 0.25 倍，即 175kV，延时 4ms 后跳闸；二是直流电流采样值超出直流电流额定 1429A 的 0.02 倍，即 28.58A，延时 4ms 后跳闸。

▶ 404. OLT 接地故障保护的原理及适用的故障工况是怎样的?

OLT 接地故障保护用于防止空载加压试验时由于设备绝缘水平不足或 OLT 功能异常导致的试验不成功。设置 OLT 接地故障保护，其与 OLT 直流故障保护相配合，共同检测 OLT 试验下的绝缘水平故障。OLT 接地故障保护的动作定值较大，灵敏度较小，但动作速度较快，满足定值后无延时直接出口跳闸，通过检测空载加压时由于设备绝缘损坏导致的直流电压异常和直流电流异常，用于柔性直流设备出现绝缘水平不足时或 OLT 功能异常时保护换流阀。以鲁西站为例，在 OLT 运行方式，柔性直流阀处于解锁的状态下，以下两种情况均直接出口跳闸：一是直流电压控制值与直流电压采样值之差，大于直流电压额定 700kV 的 0.3 倍，即 210kV，直接跳闸；二是直流电流采样值超出直流电流额定 1429A 的 0.025 倍，即 37.725A，直接跳闸。

▶ 405. 双端无流跳闸保护的原理及适用的故障工况是怎样的?

双端无流跳闸保护用于防止整流侧与逆变侧通信故障时，换流器单端故障（如控制单元双套失电）无法起动端间紧急跳闸，配置双端无流保护，判断换流器无流运行，实现通信故障时两侧均跳闸出口。双端无流跳闸的保护原理为当单元控制 DPS 板卡判断正极电流小于或等于 8A，延时 6s 确认无流条件满足，并且换流器在解锁状态，后台下发的功率期望值大于 10MW，端间通信异常，双端无流控制字投入时，双端无流保护动作条件满足，保护无延时出口闭锁换流器和重跳进线断路器及阀侧断路器。

▶ 406. 断路器偷跳保护的原理及适用的故障工况是怎样的?

柔性直流处于正常运行时，当联络变压器串上相应边断路器、中断路器或者阀侧断路器合闸位置继电器跳开，可能使控制紊乱，为防止损坏换流阀，设置断路器偷跳保护功能。

以鲁西站为例，断路器偷跳保护的原理为解锁状态下（非黑起动模式），若联络变压器串上相应边断路器、中断路器以及阀侧断路器合闸位置继电器跳开，且流过起动回路电流（光 CT 测量值）的测量值小于 7.7A，则可判断该断路器偷跳，延时 1s 后出口闭锁换流阀触发脉冲，同时出口跳联接变压器进线断路器和阀侧断路器。

407. 紧急停运的保护原理及适用的故障工况是怎样的？

当运行人员认为现场情况紧急，为保障设备及人身安全，需按下紧急停运按钮。鲁西柔性直流单元设置了 2 个紧急跳闸按钮，一个是柔性直流广西侧按钮，另一个是柔性直流云南侧按钮。柔性直流单元设置两个按钮的原因为两侧能够以 OLT 或 STATCOM 模式单侧运行，此时也需要能够紧急闭锁。柔性直流单元的两个按钮分别通过硬接线形式（开入信号有 10ms 的防抖处理）接入广西侧控制单元与云南侧控制单元屏的 DI 插件。DI 插件将该按钮信号分别传至控制单元的 DSP 插件（执行电流控制逻辑）和 SCC 插件（执行顺序控制逻辑），两个插件均执行紧急闭锁逻辑。SCC 插件收到的紧急闭锁信号汇总至 SCC 电气量跳闸，送至 DSP，闭锁顺序控制逻辑，出口跳闸命令；DSP 直接收到的紧急闭锁信号闭锁电流控制逻辑，停止发调制波，并出口跳闸命令。两个跳闸命令汇总至控制单元的电气量跳闸出口。

408. 鲁西柔性直流单元对端请求跳闸的保护原理及适用的故障工况是怎样的？

对端请求跳闸保护为柔性直流在功率传输方式下，一侧检测到故障跳闸后，须将跳闸命令及时传递给对侧，闭锁对侧换流阀触发脉冲。该保护与端间请求跳闸互为备用。

409. 鲁西柔性直流单元端间紧急闭锁跳闸的保护原理及适用的故障工况是怎样的？

端间紧急闭锁跳闸通过端间 LAN 通道传输，有别于站控 LAN，端间 LAN 仅在整流侧与逆变侧控制单元屏柜之间交互数据。当端间紧急闭锁跳闸矩阵设备参数正确整定，系统选择为非 OLT 模式及非 STATCOM 模式时，端间紧急闭锁跳闸功能投入，当极控收到对侧极控系统发来的端间紧急跳闸信号，无延时出口跳闸本端，跳闸信号 5s 后返回。

端间紧急闭锁跳闸的适用故障工况为在非 OLT 模式、非 STATCOM 模式运行方式时，本端紧急跳闸时，发端间紧急闭锁跳闸闭锁对端，该保护与对端请求跳闸互为备用。

410. 备用转闭锁失败保护的原理及适用的故障工况是怎样的？

柔性直流由从备用状态转为闭锁状态顺控过程中，状态转换存在失败的可能性，需设置备用转闭锁转换失败保护。

柔性直流在由备用状态转为闭锁状态顺控过程中，需要进行五步操作，分别为起动联接变压器风冷、合上阀侧断路器、合上交流串断路器、阀控充电、合上充电旁路刀开关。备用转闭锁失败保护是在任意一步操作时间超过设定值 2min 后，判定顺控任意执行失败，该保护将跳闸出口。

▶ 411. 不控整流超时保护的原理及适用的故障工况是怎样的？

交流侧及阀侧断路器合闸后，交流系统通过预充电电阻向子模块电容充电，这一过程称之为不控整流。在不控整流模式下，阀侧电压将通过子模块反向并联二极管向子模块电容进行充电。根据交流电流方向的不同，同一相的上下桥臂仅有一个桥臂处于充电状态，另一桥臂处于旁路状态。故充电完成后，每个桥臂的子模块电容电压和等于当前阀侧线电压的峰值。鲁西站在额定交流电压下，桥臂子模块电容电压和等于 375kV × 1.414 = 530kV。如果换流阀长期处于不控整流状态，子模块电容电压的差异将越来越大（可能的机理为：自取电模块是恒功率源器件，导致电容电压小的放电电流越大，形成正反馈；杂散电容存在），子模块电容电压发散，可能造成模块大面积旁路。根据阀控厂家提供的设备参数，柔直换流阀充电后，未解锁情况下能够安全运行 1h 以上。为防止子模块电容电压发散损坏子模块电容，设置不控整流超时保护。

不控整流超时保护用于柔性直流单元闭锁后长期未解锁的工况。

▶ 412. 两端起动失败保护的原理及适用的故障工况是怎样的？

两端起动失败保护是在功率传输模式下，本侧控制主机在 ACTIVE 状态或 STANDBY 状态时，判断两端换流阀一端在解锁状态，另一端不在解锁状态时，经 30s 延时后产生跳闸信号，闭锁换流阀触发脉冲，同时出口跳联接变压器进线断路器和阀侧断路器。两端起动失败保护的故障工况为柔性直流在功率传输模式下，解锁命令下发后未成功执行。

▶ 413. 闭锁转备用失败保护的原理及适用的故障工况是怎样的？

柔性直流由闭锁状态转为备用状态顺控过程中，需要进行五步操作，分别为换流器闭锁、断开交流串断路器、断开阀侧断路器、拉开旁路刀开关、联接变压器三相冷却器停止。除最后一步联接变压器三相冷却器停止外，其他每一步操作超时，超时时间为 2min，判为闭锁转备用转换失败。闭锁转备用失败后，该保护功能将无延时跳闸出口。柔性直流在从闭锁状态转为备用状态顺控过程中，状态转换存在失败的可能性，需设置闭锁转备用转换失败保护。

▶ 414. 解锁转备用失败保护的原理及适用的故障工况是怎样的？

柔性直流单元从解锁状态转为备用状态顺控过程中，任一步操作持续 2min 后仍未成功，解锁转备用失败保护跳闸出口，闭锁换流阀触发脉冲，同时出口跳联接变压器进线断路器和阀侧断路器。柔性直流处于解锁转为备用的过程中，顺控中任一步操作持续2min后仍没有完成时，可能损坏换流阀。为防止损坏换流阀，需设置解锁转备用失败保护。

415. 自主充电失败延时跳闸保护的原理及适用的故障工况是怎样的？

为防止在黑起动方式下的阀可控充电过程超时，需要设置自主充电失败延时跳闸保护。自主充电即通过直流侧对MMC子模块电容进行充电，在自主充电失败矩阵设备参数正确整定、系统选择为黑起动模式、自主充电失败跳闸功能投入的情况下，一侧黑起动时，相应单元控制装置发出闭锁指令5min后，仍然没有收到阀控系统反馈的阀充电完成信号，则直接出口跳闸，跳闸信号5s后返回。

416. 失电切换与失电跳闸保护的原理及适用的故障工况是怎样的？

为防止控制装置值班系统双路电源掉电，故设置失电切换与失电跳闸保护。

电源失电切换原理：每一路电源插件上均有一个继电器，上电后该继电器闭合，掉电后断开；该继电器位置信号接入DI插件。失电切换：当值班控制单元装置两路开入电源掉电，执行切换逻辑，切换时间约为400μs。失电跳闸保护原理：值班控制单元装置两路开入电源掉电后，若备用控制单元装置处于OFF或TEST状态时，无法切系统，换流阀将失去控制功能。为保护换流阀需设置控制单元失电跳闸保护功能，失电跳闸命令延时5ms后极控直接出口跳闸。

417. 双套阀控掉电跳闸的原理及适用的故障工况是怎样的？

柔性直流在解锁和闭锁情况下，若双套阀控系统断电将使换流阀失去控制功，为保护换流阀，需设置双套阀控断电跳闸保护功能。双套阀控掉电跳闸矩阵设备参数整定正确，值班控制单元装置与阀控系统通信中断，备用控制单元装置与阀控系统通信中断，控制单元装置立即出口跳闸。因本保护仅根据通信状态判断阀控掉电，因此本保护实质为双套极控与阀控通信异常。双套阀控掉电的判断逻辑是，一套已经掉电通信中断，即其已经不具备切换条件，另一套再次发生掉电中断时，便进入双套阀控掉电逻辑。

418. 双套保护掉电保护的原理及适用的故障工况是怎样的？

柔性直流在解锁和闭锁情况下，若双套保护断电，系统处于无保护状态，需配置双套保护掉电保护逻辑。控制单元判断控制与保护之间的FT3光纤通信是否正常，如果不正常则认为保护掉电。当检测到控制单元与双套保护均通信异常时，则判双套保护掉电，控制单元装置出口跳闸。

419. 双套 MU 异常跳闸保护的原理及适用的故障工况是怎样的?

当柔性直流单元控制值班系统和备用系统的 MU 品质均出现异常时，控制系统无法感知和控制设备运行状态，需配置双套 MU 异常跳闸保护。柔性直流单元控制系统每隔 20μs 接收一次 MU 数据包，若连续 60μs 接收不到数据包或连续 100μs 接收的数据包 CRC 校验码有误，则判断 MU 品质出现异常。主备控制系统均判断 MU 品质异常后，起动跳闸出口。该保护只在双套 MU 异常跳闸设备参数正确整定的情况下才投入。MU 品质异常根据 MU 上送的品质异常位判断，如果该位置 1，则品质异常。当 MU 通信中断时，极控将所有测量通道的品质异常位置 1。两套冗余控制装置通过 DSP 插件的光以太网传递品质异常信息。

420. 最后断路器保护的原理及适用的故障工况是怎样的?

鉴于常规直流系统和柔性直流系统同时处于同一换流站内，为防止直流系统运行时逆变站交流负荷突然全部断开造成换流站交流侧及其他部分过电压，导致交、直流设备损坏，柔性直流系统配置了最后断路器保护功能。当某断路器为最后断路器时，站控报最后断路器告警。若该断路器跳闸，则站控出口最后断路器保护跳闸，并将跳闸信号通过站控 LAN 传至控制单元，闭锁换流器。

421. 阀控短时闭锁次数超限跳闸保护的原理及适用的故障工况是怎样的?

交流系统故障出现时，可能导致电压跌落或电压变化过快，造成阀控请求短时闭锁次数超限，故设置了短时闭锁次数超限跳闸逻辑。以鲁西站为例，柔性直流单元解锁状态下，交流系统故障导致电压穿越或电压变化率过大期间，若阀控系统检测到桥臂电流达到短时闭锁定值（2100A），将导致阀暂时性闭锁。故障期间若短时闭锁次数 ≥4 次则出口跳闸；控制单元装置收到阀控的短时闭锁信号时，如果没有交流电压穿越或交流电压变化率过快现象，且短时闭锁信号持续 15ms 内仍未清除，直接出口跳闸。

422. 阀控请求跳闸保护的原理及适用的故障工况是怎样的?

阀控请求跳闸保护与阀控互相配合，接收阀控请求跳闸信号并出口跳闸，避免换流阀故障或阀控设备故障影响到柔性直流的安全运行。此外，当冗余控制系统不可用时主套收到 VBC 请求切换信号也会出口跳闸。柔性直流控制单元收到阀控请求跳闸信号，或者备用控制系统处于 OFF 或 TEST 状态而值班单元收到阀控请求切换的情况下，控制系统出口跳闸。对于阀控请求跳闸，极控收到该信息之后，会直接作为阀控请求跳闸保护的输入信号。对于阀控请求切换，当双套极控具备切换条件的时候，会进行切换操作。如果当前极控判断此时不具备切换条件的时候，会作为阀控请求跳闸保护的输入信号，进行后续逻辑判断进行出口。

423. 非电量保护的原理及逻辑是怎样的？

以鲁西站为例，联接变压器非电量保护信号接入联接变压器接口屏，阀冷非电量保护接入阀冷接口屏，穿墙套管和直流分压器非电量保护信号接入阀厅接口屏。非电量保护信号接入各接口屏的 CSD601 装置，它是一种通用 I/O 扩展单元，主要实现 DI/DO 以及 4～20mA 模拟量信号的接口扩展，该装置可以通过符合 IEC 61850/GOOSE 的通信接口，实现与柔性直流控制系统主机的通信，满足 I/O 扩展接口需求。如图 8-15 所示。各种非电量保护的功能在控制单元的逻辑板（SCC 板卡）实现，并汇总成非电量保护跳闸信号，发送至控制单元的 DSP 板。控制单元的 DSP 板收到非电量保护跳闸信号后，执行闭锁换流器和跳闸功能。

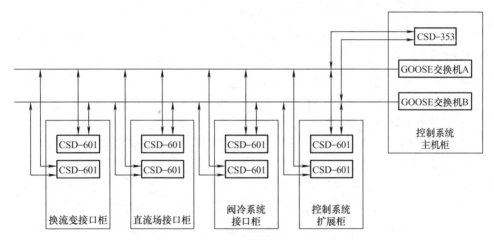

图 8-15 控制单元现场总线网络示意图

第九章 ◗ 柔性直流阀控系统

第一节　鲁西柔直阀控结构与配置

◗ **424. 柔直阀控系统的外部接口有哪些?**

　　柔直阀控系统 VCU 外部接口如图 9-1 所示,外部接口主要包括 PCP、直流测量系统 MU、监控系统 SCADA、主时钟系统、故障录波系统等外部系统接口,柔直阀控系统还与交流场的柔直系统进线间隔断路器操作箱直接接口,跳闸时直接出口跳闸相应断路器。主运套柔直阀控系统接收 PCP 实时下发的值班信号及调制波信号,阀控系统光纤分配屏切换板选择主运套调制波信号进行阀的开通关断控制,当系统存在故障时,阀控将切换、跳闸请求上送 PCP;直流测量系统合并单元 MU 采集桥臂电流及直流侧电压电流量上送阀控系统,阀控系统根据合并单元传输的量进行保护逻辑判断,实现阀区设备的快速保护功能;主时钟系统通过 B 码通信方式对阀控系统授时;监控系统 SCADA 实时采集阀控上送的功率模块信息、阀控系统遥信遥测信息及 SOE 报文;故障录波装置则实时采集记录阀控系统上送控制单元关键信息。

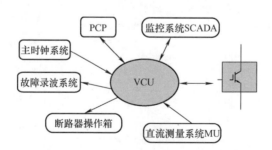

图 9-1　柔直阀控系统与外部系统接口示意图

◗ **425. 柔直阀控系统的总体结构是怎样的?**

　　柔直阀控系统采用完全双重化冗余配置,正常情况下冗余的 A、B 系统一主一备工作,阀控系统 A、B 与上层换流器级控制保护装置 A、B 两套系统一一对应,不交叉冗余，同时接收换流器级控制保护装置的命令，经过阀控 A、B 两套系统的协调判断后，确定发给脉冲分配装置的控制保护命令，进一步完成换流阀脉冲调制、脉冲分配及相关的保护功能，脉冲分配装置接收并反馈换流阀的运行状态信息至阀控系统。

426. 阀控屏的功能配置是怎样的？

阀控屏由主控箱、运算箱、接口箱、交换机、电源箱等几个部分组成，主控箱是 VC 的核心部分，接收到 PCP 的指令后，通过脉冲分配柜对换流阀进行控制；运算单元主要是与脉冲分配屏进行数据通信；接口单元主要负责与外界硬接点数据交换；交换机主要用于阀控屏和 PCP 间的数据交换，以及阀控屏内模块间的数据交换；电源箱输出多路交、直流电源，对阀控屏内的各功能模块供电。

427. 脉冲分配屏的功能配置是怎样的？

脉冲分配装置接收上层柔直阀控屏 VC 的控制保护命令，并向柔直阀控屏 VC 反馈换流阀的状态信息；向下层功率模块（模块化多电平变流器 MMC 的子模块）控制板发送控制命令，并接收功率模块的状态和保护信息。脉冲分配装置为无冗余方式配置，主要接收柔直阀控屏 A、B 系统的控制保护命令，将主运套系统的命令结合功率模块电压平衡情况后再发送控制保护命令，并接收每个功率单元返回的运行数据和状态信息。

脉冲分配屏是柔性直流输电系统控制器的执行部分，每一面脉冲分配屏中有 3 个脉冲分配单元，每个分配单元主要包括选择切换板、脉冲板及电源模块三部分，切换板用于脉冲分配单元与阀控主机的通信，脉冲板实现与下层功率模块的接口，电源板则提供脉冲分配单元正常工作所需电能。

428. 脉冲分配屏的工作原理是怎样的？

功率模块单元主控板和脉冲分配屏之间的通信是经过脉冲分配箱的脉冲板实现的，每个单元主控板都和脉冲板之间通过一收一发两根通信光纤连接。脉冲箱切换板选择主套数据命令分发到每个脉冲板，脉冲板再发送到每个单元主控板，单元主控板通过收信光纤接收。同时，单元主控板通过发信光纤反馈脉冲板每个单元的运行状态、故障状态、电容电压。单元主控板发送数据内容，包括功率模块电容电压值、功率模块运行状态及单元故障类型等信息。

429. 故障录波屏的功能配置是怎样的？

故障录波装置具备状态监视及录波功能，实现对全部模块的电容电压、旁路状态和故障状态（模块所有故障类型）等信息的记录存储，满足对阀控系统各种正常运行状态及故障状态查看分析等需求，故障定位具体明确。对模拟量、接口信号和故障信号具有录波和输出功能，并提供与外部故障录波装置的接口。故障录波装置由监控装置和录波单元组成，其中监控装置由工控机和显示器组成，监控系统主要配置有五种功能：遥控、遥调、遥测、遥信、SOE。

▶ 430. 阀控系统的主要功能是什么？

阀控系统的主要功能包括：

1）产生驱动功率模块内 IGBT 的触发脉冲。

2）监测功率模块内部电容电压、模块温度及其控制电路的工作状态。

3）在严重故障，例如正负极双极短路情况下通过功率模块内的旁路开关和晶闸管对其进行保护。

4）负责阀控系统的自检。

5）实现模块环流抑制、系统冗余切换和换流阀保护等功能。

6）负责实现换流站与控制保护系统的通信和数据交换。

▶ 431. 阀控系统的选型要求是怎样的？

阀控系统应双重化配置，任一系统发生故障或系统维护时，不影响正常系统的运行。阀控系统应具备脉冲调制分配、功率模块均压、功率模块冗余控制、可控充电、换流阀解锁条件自检、换流阀基本保护、暂停触发再解锁、状态监视及录波、桥臂环流抑制、漏水检测等功能。在功率模块冗余范围内，阀控（含脉冲分配屏）硬件应具备 N-1 冗余能力，即包括信号汇集板、脉冲分配板等在内的任何单一元件或板卡故障不应影响阀控及换流阀的正常运行。阀控应配置快速保护，保护类型至少包括桥臂过电流保护、桥臂过电压保护等。依靠外部电气量的保护，应按照双套阀控主机中分别"三取二"配置。

▶ 432. 阀控系统与控制系统互相传递什么信号？

阀控系统的输入信号主要包括：

1）换流器 6 个桥臂的参考电压调制波信号。

2）解锁、闭锁信号。

3）阀控系统内部通信异常请求切换信号。

4）全局晶闸管触发指令。

5）主动充电允许。

6）6 个桥臂的电流测量值。

7）正、负极直流电压。

8）预充电指令。

9）控制保护系统的故障信号。

10）控制保护系统的生命信号。

11）阀控系统复位、自检指令等。

433. 阀控系统有哪些输出信号？

阀控系统的输出信号主要包括但不限于以下内容：
1）阀控系统切换请求指令。
2）阀控系统跳闸请求指令。
3）阀控系统硬接线跳闸信号。
4）阀控运行状态。
5）阀控 READY 信号。
6）各桥臂功率模块电压和。
7）各桥臂旁路功率模块个数。
8）各桥臂所有功率模块的电容电压。
9）各桥臂所有功率模块的最大电压、最小电压、平均电压。
10）各桥臂所有功率模块的最大、最小电压差值。
11）各桥臂所有功率模块的运行状态（故障、旁路等）。

434. 阀控系统的冗余设计是如何实现的？

阀控系统采用双系统热备用冗余工作方式，A、B 套阀控屏和 A、B 套 PCP 装置一一对应，不交叉冗余。脉冲分配机箱为阀控 A、B 套共用，为非冗余配置。

阀控冗余切换流程如图 9-2 所示，主套阀控将请求切换命令上传至 PCP，PCP 接收到阀控的切换请求后执行冗余切换，PCP 冗余切换完成后值班状态更改为备用或 OFF 状态，阀控检测 PCP 已切换为非主状态，则表示切换成功。若从当前主套阀控发出请求切换后 1.5ms 延时内，阀控还处于主运行状态，则判定为切换失败，阀控将闭锁换流阀并出口发出跳交流断路器命令。

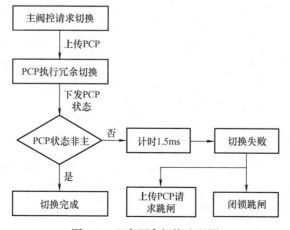

图 9-2　双套冗余切换流程图

435. 哪些故障可能导致阀控系统进行冗余切换？

可导致阀控请求切换的故障共有 9 种，分别为：板卡故障、阀控和控制保护系统通信故障、阀控和测量系统通信故障、测量系统采样信号品质异常、控制保护系统解闭锁命令异常、阀控主控箱与脉冲分配箱通信错误、阀控值班信号错误、阀控掉电、阀控 A/B 套不同步。

436. 阀控系统各屏柜有哪些功能？

阀控系统控制器结构包含阀控屏 A、阀控屏 B、阀控监控录波屏、脉冲分配屏等屏柜。各屏柜的主要功能介绍如下：

1）阀控控制屏：主要实现所有子模块的统筹控制和保护以及实现与上层换流器级控制系统、测量系统合并单元、SCADA 监控后台、阀控上位机之间的数据交互处理，阀控屏 A 和阀控屏 B 互为冗余。

2）阀控监控录波屏：阀控监控录波屏中阀控 A 监控主机用于显示阀控 A 系统，包括阀控 A 系统的子模块状态和电压、阀控系统顺控状态、控制器运行状态以及上位机对阀控 A 系统的遥调遥控操作等功能，阀控 B 监控主机和 A 主机相同。

3）脉冲分配屏：主要实现对上层两套阀控屏命令的切换选择，出口主套阀控的命令以及实现子模块脉冲的正确分配，并反馈子模块状态、电压和故障类型到阀控屏中。

437. 柔直阀控链路延时是由哪几部分造成的？

柔性直流系统控制链路延时包括以下部分：

1）采样及采样量传输，延时 T_1，包括高低压传变、低通滤波器、模数转换。

2）极控完成控制算法，延时 T_2。

3）极控将控制计算结果传递给阀控，延时 T_3。

4）阀控完成控制算法（包括功率模块电压排序等），延时 T_4。

5）阀控计算结果传递给脉冲分配屏、脉冲分配屏将开关指令下达给各功率模块、功率模块执行开关操作，延时 T_5。

主控制回路控制链路延时 = $T_1 + T_2 + T_3 + T_4 + T_5$，通常该数值达到数百微秒，制约着柔性直流控制性能及阻抗优化范围，有待改进。

438. 控制系统链路延时有哪些危害？

高压柔性直流输电系统因控保装置数量多、不同控保装置间通信数据量大等原因，控制链路延时远大于 1 个控制周期，控制链路延时在不改变系统幅频特性的条件下，使相同频率点的相位滞后于无延时系统，相位的滞后可能导致系统相角裕度减小，恶化了此类系统的动态响应特性，降低了高压柔性直流输电系统的交流故障穿越能力。

439. 鲁西柔直的最大链路延时是多少？可采取哪些措施降低链路延时？

鲁西柔直的最大链路延时约 600μs，工程中常常采用降低控制带宽来减少延时的影响。

第二节　鲁西柔直换流阀阀控功能

440. 柔直换流阀阀控系统的运行模式有哪几种？

柔直换流阀阀控系统的运行模式包括如下五种：

1）阀控系统就绪模式：阀控系统就绪模式指阀控系统与 PCP、MU 等的通信均正常，且阀控系统自检正常，处于等待控制保护系统充电指令的状态。此时，阀控系统与 PMC 无法进行正常的通信，但阀控系统将持续监测 PMC 的状态。

2）不控充电模式：不控充电模式是阀控系统将所有功率模块内的 IGBT 闭锁的情况下，通过高压交流侧或者高压直流侧对功率模块中的电容进行充电的模式。

3）可控充电模式：可控充电模式是指阀控系统根据换流阀的状态及 PCP 下发的运行模式，对换流阀（功率模块）中的 IGBT 进行触发控制使其电容电压逐渐升高至指定值的过程。

4）正常触发模式：正常触发模式是指阀控系统根据 PCP 的指令对 6 个桥臂中的换流阀（功率模块）进行调制、触发以及电容电压均衡控制的模式。正常触发模式下，阀控系统还负责对换流站每个桥臂中的环流抑制和控制。

5）停机放电模式：停机放电模式是换流器高压交流侧及高压直流侧的电源连接断开，阀控系统不对任何换流阀（功率模块）进行触发控制的状态。此时，换流阀（功率模块）中的电容电压降逐渐下降，直至其中的 PMC 与阀控系统的通信中断。

441. 柔直换流阀顺控过程有哪几种状态？

鲁西工程柔直云南侧阀控系统设置 8 种顺控状态，分别为停止状态、子模块配置状态、子模块充电检查状态、子模块自检状态、充电模式判断状态、直流充电状态、允许解锁状态和系统解锁状态；柔直广西侧阀控系统设置 6 种顺控状态，分别为初始状态、充电模式判断状态、模块比对状态、解锁和闭锁等顺控状态。

442. 柔直换流阀顺控过程检测到故障状态的动作后果是什么？

柔直换流阀顺控过程中的每种状态都会检测阀控系统是否处于故障状态，若检测到阀控系统存在故障，阀控系统将从故障时刻状态转入停止状态。故障状态包括阀控系统跳闸请求和切换请求，若阀控系统请求跳闸，则直接回退至停止状态；若阀控系统请求切换，则阀控先进行切换，原主套控制系统降至 OFF 状态，并经过 2ms 延时回退至停止状态，躲开系统切换失败时间判断时间 1.5ms，原备套控制系统升至主机状态，继续下一步顺控操作。

▶ 443. 子模块配置状态发生模块比对故障的后果是什么？

若在直流充电模式下子模块配置状态发生模块比对故障，系统闭锁跳闸；若充电模式为交流充电，顺控流程仍继续进行，系统不闭锁跳闸但不生成允许解锁指令。充电模式判断状态下若持续检测 PCP 下发的充电模式既不属于交流充电也不属于直流充电并且持续 50s，则置位充电故障系统闭锁跳闸。

▶ 444. 柔直换流阀子模块处于停止状态的主要功能是什么？

停止状态主要完成阀控充电前所有计数器的清零以及对处于故障状态的阀控系统进行复位操作，复位只能在停止状态下操作，可清除阀控系统锁存的请求跳闸与切换命令以及所有的告警信号。

▶ 445. 柔直换流阀从停止状态转入子模块配置状态的流程是怎样的？

停止状态转入子模块配置状态的流程如下：停止状态下若阀控系统判断无请求跳闸和请求切换故障，无暂时性闭锁信号且收到极控下发的充电状态为 0x1111，则认为阀控通过自检，生成自检 OK 标志位。阀控系统再将自检 OK 信号上传至极控系统，极控系统收到阀控自检 OK 标志位后等待系统闭锁充电命令，若柔性直流单元顺控状态由备用转为闭锁状态，极控将向阀控下发充电命令 0x3333，阀控收到后进入子模块配置状态。

▶ 446. 子模块处于配置状态的主要功能是什么？

子模块配置状态主要完成模块比对功能、子模块配置命令的下发和配置命令完成反馈。模块比对功能是为了找出单元主控板无法正常工作的功率模块，防止不受控的模块投入运行。子模块配置命令向所有功率模块下发旁路保护定值，包括电容电压欠电压保护、过电压保护、100ms 开关频率保护和 10ms 开关频率保护。

▶ 447. 为什么转入子模块充电状态后需要一定延时才开启模块对比功能？

由于子模块充电时间的快慢有区别，子模块和阀控建立通信所用时间不一致，所有桥臂功率模块电容电压的平均值大于设定值后再延迟开始进行模块比对，防止个别正常子模块因通信建立时间较长在模块比对期间被认定为黑功率模块。

448. 功率模块配置状态转入功率模块充电检查状态的流程是怎样的？

功率模块配置状态转入功率模块充电检查状态的流程如下：充电延时10s后阀控主控箱向运算箱下发持续0.2s的模块比对命令。模块比对功能在运算箱中实现，运算箱检测到主控箱下发的模块比对命令后开始检测脉冲板和每个功率模块之间的通信状态，如果该模块和脉冲板通信故障，则运算箱认为该模块处于旁路状态。运算箱通过通信状态检测到处于旁路状态模块和DSP存储的已旁路的单元号进行比对，如果比对一致，则认为该模块比对一致，否则认为该模块比对不一致，并保存不一致的模块序号。

模块比对无论成功与否都将执行下一个命令，向功率模块下发旁路定值配置命令，功率模块向运算箱反馈配置成功，阀控主控箱收到配置成功标志位后进入功率模块充电检查状态，此为正常流程。功率模块配置状态总流程时限为15s，当进入功率模块配置状态即开始计时。若在电容电压判断阶段持续15s都判断桥臂功率模块电容电压的平均值小于500V，则直接进入模块比对阶段及功率模块配置命令下发阶段，且不再判断是否反馈配置成功标志，直接进入充电检查状态。功率模块对比完成后下发功率模块配置命令，若持续判断过程中电容电压的平均值满足条件，仍按正常流程进行。如果长时间功率模块未向运算箱反馈配置成功标志，则待总流程计满15s，直接进入模块比对阶段及功率模块配置命令下发阶段，且不再判断是否反馈配置成功标志，直接进入充电检查状态。配置不成功的功率模块可通过报文反映出来，而不会导致直流闭锁跳闸但仍投入运行，模块单元主控板的参数仍采用上一次配置的参数。

449. 柔直换流阀功率模块充电检查状态的主要功能是什么？

子模块充电检查状态主要完成功率模块的电压检查功能，检测所有功率模块电压是否大于500V。

450. 柔直换流阀子模块充电检查状态转入子模块自检状态的流程是怎样的？

柔直换流阀子模块充电检查状态转入子模块自检状态的流程：进入子模块充电检查状态后阀控主控箱向运算箱下发功率模块单元主控板复位命令，运算箱再通过脉冲分配屏转发给所有功率模块。向功率模块下发复位命令的目的是清除上电初始化后的一些异常状态，防止上电时刻由于单元主控板工作不稳定导致故障假状态引起子模块旁路。随后阀控主控箱向运算箱下发功率模块闭锁命令，持续3.5s后再下发充电检查命令，若检查所有功率模块的电压均大于500V，则置位充电正常标志，并进入子模块自检状态；若持续6s检测不是所有模块的电压都大于500V，同样置位充电正常标志，进入子模块自检状态。对于某些充电检查不通过的功率模块，将在后续的欠电压旁路使能后因欠电压故障旁路，避免了因单个模块充电检查不通过影响系统正常起动。

451. 柔直换流阀子模块自检状态的主要功能是什么？

柔直换流阀子模块自检状态主要完成功率模块的自检，即完成充电检查后对功率模块的 IEGT 进行测试，检查 IEGT 是否能正常开通关断。

452. 柔直换流阀子模块自检状态转入充电模式的判断状态流程是怎样的？

柔直换流阀子模块自检状态转入充电模式的判断状态流程：阀控主控箱向运算箱下发功率模块自检命令，再由运算箱执行自检，即在 400μs 内分别给上管 IEGT 和下管 IEGT 发送 100μs 触发脉冲，中间间隔 200μs，若 IEGT 驱动板检测到 IEGT 的回检信号，则判断该模块自检通过，若该桥臂所有模块反馈 IEGT 触发正常，则该桥臂自检成功，反馈运算箱自检完成，主控箱置位自检完成标志，进入充电模式判断状态。若持续 1.8s 未收到自检完成信号，也置位自检完成标志，进入充电模式判断状态。自检失败的功率模块可能使 IEGT 无法正常触发，因此会置位旁路请求，直至等到阀控下发运行状态和旁路命令将自检失败的模块旁路。

453. 柔直换流阀子模块充电模式判断状态的主要功能是什么？

柔直换流阀子模块充电模式判断状态的主要功能是通过接收直流控制系统（PCP）下发的充电模式指令，选择柔直系统充电模式为直流侧充电或交流侧充电。主控箱收到 PCP 发送的直流侧充电标志 0xAAAA 后，检测到 6 个桥臂电容电压的和均小于 600kV，进入直流充电状态；主控箱收到 PCP 发送的交流侧充电标志 0x5555 后，待 6 个桥臂电容电压的和均大于 402kV，即不控充电完成后进入允许解锁顺控逻辑，并使能模块欠电压旁路功能（单元主控板的其他保护功能在主控板正常工作时立即使能）。

454. 柔直换流阀直流充电状态的主要功能是什么？

柔直换流阀直流充电状态的主要功能是完成换流阀的解锁充电，即阀的可控充电。在解锁充电期间若出现暂时性闭锁故障则退回至充电模式判断顺控状态，暂时性闭锁故障消失后再重新进入直流充电状态重新解锁充电；运算箱检测到所有桥臂电容电压的和均大于 450kV，并且桥臂电流小于 50A 则表示直流解锁充电完成，此时使能模块欠电压旁路，阀控顺控状态进入允许解锁状态。

455. 柔直换流阀允许解锁状态的主要功能是什么？

系统解锁状态顺控的主要功能是在系统解锁状态时，接收到 PCP 闭锁命令时直接跳转入停止状态，接收到暂时性闭锁标识则闭锁退回允许解锁状态。阀控进入允许解锁状态后，已判断子模块不控充电或解锁充电完成，待 PCP 判断正极直流电压和负极直流电压之差的绝对值 > 0.7pu（1pu 对应 700kV）后发送充电完成标识 0x5555 至阀控主控箱，主控箱立即反馈允许解锁标志（Unlock_EN = 0b10 且 Unlock_DIS = 0b01）至 PCP 并等待 PCP 的解锁命令，接收到 PCP 解锁命令 0xAAAA 立即进入系统解锁状态。

456. 柔直换流阀系统解锁状态的主要功能是什么？

系统解锁状态顺控的主要功能是在系统解锁状态时，接收到 PCP 闭锁命令时直接跳转入停止状态，接收到暂时性闭锁标识则闭锁退回允许解锁状态。在换流阀处于解锁状态后阀控环流抑制才开始计算，处于解锁状态的换流阀更容易受到外部故障的影响，因此在解锁状态时，若阀控运算箱检测到阀过电流、阀差动、双极短路等故障时，上送相应保护跳闸标志位至主控箱，或主控箱检测到桥臂整体过电压故障，主控箱生成跳闸指令闭锁阀并出口跳闸，同时将双套阀控转入停止状态；或阀控系统内部故障时，向 PCP 发送切换请求，同时将之前主运套阀控转入停止状态。在解锁状态时，阀控接收到 PCP 闭锁信号，则立即给运算箱发送闭锁命令并停发调制波，运算箱停止产生触发脉冲实现阀的闭锁，同时将双套阀控转入停止状态。

457. 什么是暂时性闭锁？

在直流系统正常运行时，当阀控系统运算箱检测到任意一个桥臂电流大于 2100A 并持续 40μs 时，主控箱接收到运算箱上传暂时性闭锁信号后立即给运算箱发送闭锁命令并停发调制波，运算箱停止产生触发脉冲实现阀的闭锁，阀控退回到允许解锁顺控状态，等待 PCP 检测到暂时性闭锁信号消失后重发解锁命令实现阀的重新解锁运行。

458. 柔直换流阀是如何进行电压调制的？

用 $u_{s}(t)$ 表示调制波的瞬时值，U_{C} 表示子模块电容电压的平均值。每个相单元中只有 n 个子模块被投入。如果这 n 个子模块由上、下桥臂平均分担，则该相单元输出电压为 0。随着调制波瞬时值从 0 开始升高，该相单元下桥臂处于投入状态的子模块需要逐渐增加，而上桥臂处于投入状态的子模块需要相应地减少，使该相单元的输出电压跟随调制波升高，将二者之差控制在 $\pm U_{dc}/2$ 以内。

最近电平逼近算法的实现方法如下，在每个时刻根据计算得到的桥臂电压参考值，桥臂需要投入的子模块数可以分别表示为

$$N_{sm} = \text{round}\left(\frac{u_{s}}{U_{c}}\right)$$

式中，round（x）表示取与x最接近的整数。

459. 为什么要进行桥臂环流抑制？

模块化多电平柔性直流输电系统运行中，三相交流瞬时功率不等会导致三相上下桥臂的电压和不等，由此会在桥臂产生负序二倍频环流。它的存在增大了桥臂电流的有效值，增大了电容电压的波动，增加了功率模块器件的功率损耗，同时也增加了功率模块电容电压的波动范围，所以需要对桥臂负序二倍频环流进行抑制，桥臂环流抑制是提高换流器性能的关键技术之一。

460. 目前环流抑制的方法主要有哪些？

目前环流抑制的方法可以分为两大类：
1）通过桥臂电抗器将桥臂间的环流限制在一定水平。
2）增加附加的环流抑制器。

461. 鲁西柔性直流阀控系统的环流抑制算法是怎样的？

环流抑制算法如下：对于某一相桥臂环流将上下桥臂电流相减除以2，即可得到该相桥臂的环流值，将计算出来的三相桥臂环流值进行dq变换得到dq坐标系下的环流值，与目标值0相减经两个PI环控制，再与dq坐标系下环流产生的电压叠加，并经过dq反变换，得到可抑制二倍频环流抑制的三相桥臂电压调制波，叠加至换流器控制系统下发的调制信号，作为最终换流阀级的调制信号。则投入环流抑制功能后，阀控主控箱下发运算箱的调制波V_{mod}计算公式修改为

$$V_{\mathrm{mod}} = (V_{\mathrm{PCP\_mod}} \times 0.02/350 \pm V_{\mathrm{ref}}) \times 20000$$

在暂态故障时由于桥臂电流畸变有可能导致环流抑制控制器积分输出与正常控制积分输出相比差别较大，为保证换流阀的安全稳定运行，对两个PI控制器分别采用了相同的积分限幅和输出限幅。

462. 柔直控制系统进行旁路优化控制的目的是什么？

柔直控制系统进行旁路优化控制的目的在于当某个桥臂旁路个数过多时，6个桥臂旁路个数不一致将导致各个桥臂能量不均衡引起直流电流振荡。为了抑制桥臂旁路个数不一致导致的能量不均衡，可通过调节各桥臂的调制波补偿量抑制直流电流振荡。

463. 冗余子模块的控制保护方案主要有哪几种？

为了提高换流器的可用率，需要针对冗余子模块设置相应的控制保护方案，主要有以下几种：方案一：正常运行冗余子模块退出，出现故障后投入；方案二：正常运行时投入，出现故障模块后由剩余正常运行模块承担，其他两个正常相也同样

旁路相同数量的子模块，确保对称运行；方案三：正常运行时投入，出现故障模块后由剩余正常运行模块承担，其他两个正常相不做改动（不对称运行）。

464. 冗余子模块的各种控制保护方案的优缺点是什么？

方案一的缺点是冗余子模块接入及其电容充电可能需要花费较多的时间，系统将经历一个较长的暂态过程，冷备用子模块还需要额外的控制，限制了该方案的应用；方案二的缺点是当某一相出现故障子模块后，为了保证对称性，另外两相需要同步退出，非常不经济；方案三虽然会产生桥臂不对称的问题，但通过一系列控制可以有效地消除桥臂不对称带来的桥臂电流不对称和直流电压波动问题，是目前广泛应用的方案。

第三节　鲁西柔直阀控保护功能

465. 柔直换流阀单体及阀控系统保护功能的分类是怎样的？

按照保护范围来分，阀控系统的保护可分为单体保护及换流阀整体保护两大类，功率模块级保护属于单体保护，阀控级保护属于换流阀整体保护，换流阀整体的保护又可细分为电气量保护与非电气量保护两大类。

466. 柔直换流阀单体及阀控系统保护功能的配置方式是怎样的？

柔性直流阀及阀控的保护功能适用于柔性直流的各种运行方式，配置方式为分级配置，分别为功率模块级保护和阀控级保护。

功率模块级保护在功率模块单元主控板实现，通过对单元驱动板、信号采样板、接触器辅助触点、取能电源、电容压力检测干接点、漏水检测等原件的检测，检测功率模块故障类型，及时响应动作，实现对功率模块单体的保护。

阀控级保护在控制屏主控箱及运算箱实现，通过对桥臂电流、直流正负极电压电流、功率模块电容电压等电气量的测量和逻辑判断，当出现故障导致换流阀桥臂电流过大或功率模块电压过高，可通过相关保护闭锁跳闸及时保护换流阀的安全。同时为了确保整个阀及阀控系统的安全稳定运行，设置了旁路超限、配置故障、切换失败等非电气量保护。

467. 功率子模块元件有哪些故障模式？

功率子模块元件的故障模式包括：IEGT故障、直流过电压、直流欠电压、下行光纤校验错误、下行光纤断、上行光纤校验错误、上行光纤断、充电失败、旁路故障、电源故障、电容故障、100ms频率保护故障、10ms频率保护故障、过电压自旁路等。

468. 功率模块级设置了哪些保护？

功率模块保护共设置了 IEGT 故障保护、直流欠电压和过电压保护、光纤故障保护、充电失败保护、旁路故障保护、高位取能电源故障保护、电容故障检测保护、漏水报警保护、单元开关频率超限保护及单元过电压自旁路保护共 10 种保护，所有保护均在功率模块单元主控板上实现。各保护功能可以通过修改阀控屏主控箱 DSP 程序中的功率模块保护使能控制字中相应的屏蔽字实现对各保护功能的投退。

469. 功率模块级保护的出口方式是怎样的？

功率模块级保护动作后果不应出口跳闸，只是上传旁路请求，并等待阀控下发旁路命令，最后执行旁路命令将模块旁路。

两套阀控系统均配置了相同的阀控级保护，当阀控保护功能出口跳闸时，由主套阀控出口闭锁跳闸，同时将故障类型上报阀控上位机和 SCADA，并向相应主套 PCP 发送阀控请求跳闸，备用套阀控也会将故障类型上报阀控上位机和 SCADA，向相应备用套 PCP 上传阀控请求跳闸，但备用套不出口闭锁跳闸。

阀控级保护在主控箱与运算箱均有保护判断逻辑，主控箱与运算箱的保护跳闸指令均通过主控箱出口，出口跳闸直接跳阀侧断路器、联接变压器进线间隔边断路器及联接变压器进线间隔中断路器。两套阀控保护跳闸回路完全独立，经压板出口后分别与两套柔直控制保护装置汇合，然后连接至相应边断路器、中断路器及阀侧断路器操作箱的两个跳闸线圈。

470. 功率模块旁路过程是怎样的？

当功率模块发生内部故障时，将生成旁路请求，只有当功率模块收到阀控下发的运行状态 0xFFFF 之后，才能上传旁路请求。当子模块进行充电检查状态后，计时 30s 后阀控主控箱下发运行状态。若运算箱收到功率模块旁路请求，并计算此时的旁路请求与实际旁路数之和未超过限制值 25，则下发旁路命令。功率模块收到旁路命令后触发旁路开关真空接触器，若在 20ms（可自行设置）内旁路开关返回闭锁状态，则上传旁路确认，否则上传旁路故障。若运算箱收到功率模块旁路请求，计算此时的旁路请求与实际旁路数超限，则直流系统直接闭锁跳闸。

471. IEGT 故障保护的逻辑是怎样的？

IEGT 故障保护逻辑为：IEGT 有一个反馈脉冲信号，当给 IEGT 发出脉冲序列时，IEGT 会给出反馈脉冲信号，根据 IEGT 的反馈信号可以对 IEGT 进行检测。IEGT 有两种故障类型：类型 A 为应答故障，在保护使能情况下，当给 IEGT 发送脉冲命令之后，IEGT 驱动板必须在 $2.5\mu s$ 内给出反馈信号，如果在 $2.5\mu s$ 内没有反馈信号，那么认为 IEGT 发生 A 型故障。类型 B 包括电源故障和短路故障，在保护使能情况下，IEGT 驱动反馈脉冲的脉宽最大不超过 2μs，如果不满足该要求，那么认为 IEGT 发生 B 型故障。满足判据后将发出旁路请求。

472. 直流欠电压和过电压保护逻辑是怎样的？

功率模块过电压保护逻辑为：直流电压信号来自功率模块的电压采样板，在保护使能情况下，如果超过过电压设定值 2950V，延时 100μs 产生直流过电压故障，并上报旁路请求。

功率模块欠电压保护逻辑为：在保护使能情况下，直流欠电压检测需要接受到阀控下发的欠电压检测使能，阀控下发直流欠电压检测使能分两种情况：

1）经交流侧充电时在不控充电完成后，阀控下发单元直流欠电压检测使能。

2）经直流侧充电时可控充电完成后，阀控下发单元直流欠电压检测使能。如果连续 100μs 电容电压值低于阀控配置的欠电压设定值 800V，则产生直流欠电压故障，并上报旁路请求。

473. 光纤故障逻辑是怎样的？

功率模块上下行光纤故障检测逻辑为：在保护使能情况下，如果 2.5ms 光纤接收端未检测到信号，则置位光纤断开标志。

功率模块上下行光纤校验错误逻辑为：在保护使能情况下，接收端接收过程中如果连续出现 8 次以上校验错误，则置位光纤校验错误标志。

单元主控板通过监测接收到的数据来判断下行光纤故障，如果有光纤断开或光纤数据校验故障，则认为下行光纤断开，功率模块将上报旁路请求，但由于下行光纤故障单元主控板无法收到旁路命令，因此单元主控板执行自旁路流程。

脉冲分配屏的脉冲板通过监测接收到的数据来判断上行光纤故障，如果有光纤断开或光纤数据校验故障，则认为上行光纤断开。发生上行光纤故障时单元状态无法上传到阀控控制器中，阀控对单元无法实现有效的检测和控制，因此在脉冲板检测到上行光纤故障后将强制相应功率模块的旁路请求，并上传至阀控系统，等收到阀控下发的旁路命令后，由于上行光纤故障无法上传功率模块的旁路状态，因此脉冲板收到旁路命令后进行旁路确认，于是无法获知功率模块此时是否真正旁路。所以，若旁路开关拒动，功率模块有过电压风险。

474. 充电失败保护逻辑是怎样的？

功率模块充电失败保护旁路逻辑为：保护使能情况下，换流器闭锁充电过程中，功率模块收到阀控下发的充电检查命令后，对充电完成的功率模块进行电压检查，若电压未达到充电阈值 500V，则置位充电失败标志位，并上报旁路请求，待桥臂电容平均电压达 500V 延时 30s 阀控下发运行状态后，由运算箱下发模块旁路命令。

475. 旁路故障保护逻辑是怎样的？

旁路故障检测逻辑是指：保护使能情况下，当单元主控板收到旁路命令，如果单元主控板在设定的反馈时间内（20ms），没有收到从旁路接触器反馈过来的辅助触点反馈信号，则置位旁路故障标志。当发生旁路故障时，功率模块上传旁路故障状态给阀控，但由于旁路开关拒动，只能等待电容过电压击穿晶闸管或IEGT造成短路失效将功率模块旁路。由于IEGT与晶闸管的耐压能力相同，如果晶闸管先击穿则电容通过晶闸管形成的短路回路放电，桥臂电流流经上管二极管和短路晶闸管或下管二极管，相当于将模块旁路；相较于上管IEGT而言，下管IEGT更容易击穿，如果下管IEGT先击穿短路则桥臂电流始终流经下管短路点，功率模块相当于旁路。

476. 高位取能电源故障保护逻辑是怎样的？

高位取能电源故障保护逻辑为：保护使能情况下，当单元取能电源发生故障时，取能电源模块会通过光纤反馈电源故障信号给单元主控板。并经过100μs防抖滤波，生成旁路请求，并上报阀控系统。

477. 电容故障检测保护逻辑是怎样的？

功率模块电容故障检测逻辑为：保护使能情况下，当电容压力过大时将输出故障标志，单元主控板检测到电容故障标志位，并经过1ms的防抖滤波，连续10次检测到电容故障，上报旁路请求。

478. 单元开关频率超限保护逻辑是怎样的？

开关频率保护有10ms和100ms两个保护，其逻辑为：在保护使能情况下，在相应时间内检测IEGT触发脉冲每一个上升沿到来即计数加1，若10ms内计数超过12次，100ms内计数超过60次置位开关频率保护标志位，并上报旁路请求。

479. 功率模块过电压自旁路保护逻辑是怎样的？

功率模块过电压自旁路保护逻辑为：在功率模块发生故障时，向阀控发出旁路请求，同时判断下行光纤状态，如果下行光纤未断，则等待接收阀控旁路命令，收到阀控旁路命令之后执行旁路；如果下行光纤断，旁路请求时间大于500μs，电压超过3200V，且下行光纤断前功率模块收到运行状态，自动执行旁路。或电压超过3300V也自动执行旁路逻辑。

480. 漏水报警保护逻辑是怎样的？

漏水报警保护逻辑为：保护使能情况下，当功率模块发生漏水故障，功率模块漏水检测装置会反馈漏水故障信号给单元主控板，漏水故障信号输入单元主控板后首先进行 1ms 的防抖滤波，若连续 10 次检测出漏水故障，上报告警信号。漏水检测只有每个阀段中第 4 个功率模块有该功能，检测每个阀段的漏水情况。

481. 阀控级设置了哪些保护？

阀控系统运算箱设置阀差动保护、双极短路保护、阀过电流保护共三种快速电气量保护，均在运算箱的扩展板上实现。一旦发生故障导致快速保护动作，由主扩展板向运算板下发闭锁命令，实现功率模块的快速闭锁保护，同时向主控箱 DSP 上报故障类型，由主控箱 DSP 进行相应处理出口跳闸。

阀控系统主控箱设置桥臂电流有效值过电流保护、阀过电流速断保护、桥臂电容电压平均值过电压保护共三种慢速电气量保护，以及配置故障保护、旁路超限故障保护、切换失败故障保护、重复暂时性闭锁故障保护、持续暂时性闭锁故障保护、充电故障保护、模块比对故障保护、双备故障保护及脉冲分配屏掉电故障保护共九种非电气量保护。一旦发生故障导致保护动作，向运算箱下发闭锁命令，并出口跳闸。

482. 什么是阀过电流暂时性闭锁保护？

当发生交流系统暂时性故障时，或桥臂发生接地故障、直流双极短路等故障情况下，为防止桥臂暂时性过电流引起系统跳闸，设置阀过电流暂时性闭锁保护。该保护属于快速保护，检测到桥臂电流超过定值后迅速下发快速闭锁命令。

483. 阀过电流暂时性闭锁保护逻辑是怎样的？

阀过电流暂时性闭锁保护功能投入状态下，取六个桥臂电流瞬时值的绝对值，当任意一个桥臂电流值在 40μs 内连续两次越限电流定值（定值可通过阀控监控界面保护参数整定），置位闭锁标志位。该故障不锁存，当检测到桥臂电流小于 100A 时则重新解锁。

484. 阀过电流暂时性闭锁保护定值整定原则是怎样的？

阀过电流暂时性闭锁保护定值整定原则为：当连续两个采样点 40μs 内检测到桥臂电流瞬时值超过定值 2100A，则闭锁换流器。该保护定值选择考虑到双极短路情况下闭锁命令下发存在 150μs 通信延时，以及双极短路故障情况下桥臂电流有 3.3A/μs 的电流上升率，而阀过电流速断保护定值设置为 2600A，因此阀过电流暂时性闭锁电流定值为 $2600 - 150 \times 3.3 \approx 2100A$。

485. 什么是双极短路保护？

在发生正、负极直流母线短路情况下，为防止过大故障电流对阀的损坏，设置了双极短路保护。该保护属于快速保护，检测到直流电压电流超过定值后迅速下发快速闭锁命令，并将出口跳闸标志位上报主控箱。

486. 双极短路保护原理是怎样的？

双极短路保护原理为：在连续发生两次故障即进行保护，同时将故障上报DSP，故障锁存，需由 SCADA 或阀控上位机手动操作复位进行清除。该保护以直流电流瞬时值和直流正负极间的电压作为保护判别条件。其中，直流电压判断依据：$U_d < U_{dc\_set}$；直流电流判断依据：$A_{bs}(idp) > i_{dc\_set}$，或者 $A_{bs(idn)} > i_{dc\_set}$。电压电流判断依据必须同时满足。U_d 为极间电压，i_{d_p} 为正极电流，i_{d_n} 为负极直流电流，U_{d_set} 和 i_{d_set} 为阀控监控界面保护参数组定值。双极短路保护数据源来自一路MU，变比相同。FPGA 直接通过码值进行判断。当 MU 数据故障时不进行数据的监测和保护，同时上报 MU 通信故障。

487. 双极短路保护逻辑是怎样的？

双极短路保护逻辑为：保护功能投入状态下，取正、负极母线电流瞬时值的绝对值，当任意一极电流值在 $40\mu s$ 内连续两次大于电流定值，且直流电压小于定值时（直流电压电流定值均可通过阀控监控界面保护参数整定），置位闭锁标志位和出口跳闸标志位。该故障将锁存，需手动操作复位进行清除。

488. 什么是桥臂电流差动保护？

在发生桥臂故障情况下，为防止过大故障电流对阀的损坏，设置了桥臂电流差动保护。该保护属于快速保护，检测到桥臂电流与直流电流差值超过定值后迅速下发快速闭锁命令。

489. 桥臂电流差动保护逻辑是怎样的？

桥臂电流差动保护逻辑为：保护功能投入状态下，取桥臂电流与正、负极母线电流瞬时值差值的绝对值，在 $40\mu s$ 内连续两次越限电流定值（定值均可通过阀控监控界面保护参数整定），置位闭锁标志位和出口跳闸标志位。该故障将锁存，需手动操作复位进行清除。

490. 什么是桥臂电流有效值过电流保护？

为防止换流阀长时间过负荷运行，导致缩短换流阀的寿命或造成换流阀的损坏，设置了桥臂电流有效值过电流保护。该保护属于慢速保护，检测到桥臂电流有效值超过定值后，下发闭锁命令，并出口跳闸。

491. 桥臂电流有效值过电流保护逻辑是怎样的？

桥臂电流有效值过电流保护逻辑为：保护功能投入状态下，任一个桥臂电流有效值连续 3s 超过桥臂电流有效值定值（定值均可通过阀控监控界面保护参数整定），置位闭锁标志位和出口跳闸标志位。该故障将锁存，需手动操作复位进行清除。

492. 什么是阀过电流速断保护？

为防止换流阀通流电流峰值过大，超过换流阀安全关断能力，设置了阀过电流速断保护。该保护属于慢速保护，检测到桥臂电流有效值超过定值后，下发闭锁命令，并出口跳闸。

493. 阀过电流速断保护逻辑是怎样的？

阀过电流速断保护逻辑为：保护功能投入状态下，任一个桥臂电流瞬时值连续 $200\mu s$ 大于定值（定值均可通过阀控监控界面保护参数整定），置位闭锁标志位和出口跳闸标志位。该故障将锁存，需手动操作复位进行清除。

494. 什么是桥臂电容电压平均值过电压保护？

为防止整体桥臂过电压或直流电压控制失稳，设置了桥臂电容电压平均值过电压保护。该保护属于慢速保护，检测到电容电压平均值超过定值后，下发闭锁命令，并出口跳闸。

495. 桥臂电容电压平均值过电压保护逻辑是怎样的？

桥臂电容电压平均值过电压保护逻辑：保护功能投入状态下，任一个桥臂电压平均值连续 $200\mu s$ 越限桥臂电容电压平均值定值（定值均可通过阀控监控界面保护参数整定），置位闭锁标志位和出口跳闸标志位。该故障将锁存，需手动操作复位进行清除。

496. 什么是旁路超限保护？

为防止子模块旁路数量超过限值，桥臂失去可用冗余模块，设置了旁路超限保护。该保护属于慢速保护，检测到任一桥臂旁路模块数超过定值后，下发闭锁命令，并出口跳闸。

497. 旁路超限保护逻辑是怎样的？

旁路超限保护逻辑为：每个功率模块单元主控板会将模块旁路请求及旁路状态

上送运算箱，当运算箱统计任意一个桥臂已旁路子模块数量及请求旁路数量之和大于 25，立即置位旁路超限标志位，并下发闭锁命令向主控箱上传跳闸请求，主控箱检测到运算箱上传的旁路超限标志将再次下发闭锁命令，并出口跳闸，同时向 PCP 上报阀控跳闸请求。

▶ 498. 什么是配置故障保护？

阀控系统屏柜上电后板卡的配置检测，防止板卡参数初始化错误，设置了配置故障保护。该保护属于慢速保护，检测到阀控板卡配置故障后，不允许进行阀控顺控状态转换。

▶ 499. 配置故障保护逻辑是怎样的？

阀控配置故障保护逻辑为：

1）主控箱中板卡配置：每个板卡通过背板总线反馈自身的版本号和板卡拨码位置，DSP 经主控板从背板总线读取主控箱板卡反馈版本号和拨码位置与存储的版本号和拨码位置比较，如果比较一致，则该板卡配置完成，否则该板卡配置故障。

2）运算箱板卡配置：主控箱接收运算箱扩展板反馈的运算箱板卡版本号和拨码开关位置，DSP 检测运算箱板卡反馈的程序版本号和拨码位置与 DSP 存储一致，则该板卡配置完成，否则该板卡配置失败。

3）脉冲分配箱板卡配置：脉冲分配箱通过切换板 EX 将板卡版本号和拨码位置反馈给运算箱，运算箱经 EX 板卡发送给主控箱，主控箱 DSP 检测脉冲分配箱程序版本号和拨码位置与 DSP 存储一致，则该板卡配置完成，否则配置失败。

4）参数初始化失败：从阀控上位机的参数表中选取了第一组参数，控制器上电时都会从 DSP EEPROM 中读取存储的控制保护参数，通常读取失败时所有控制保护参数都是 0，为了逻辑简单并能起到防止阀控在错误的控制保护参数下运行，只选取了第一组参数，第一组正常参数相加之和远大于 3000。

配置检测只是在阀控上电时刻，若上电时刻板卡和参数初始化错误，表明阀控装置故障，阀控将上送 PCP 的自检不通过标志，不允许进行阀控顺控状态转换。

▶ 500. 什么是切换失败故障保护？

为防止系统在设备故障并无法正常切换的条件下在故障设备上持续运行，设置切换失败故障保护。该保护属于慢速保护，检测到切换失败故障后，下发闭锁命令，并出口跳闸，同时向 PCP 上报阀控跳闸请求。

501. 切换失败故障保护逻辑是怎样的？

切换失败故障逻辑为：以当前阀控主备状态、请求切换持续时间、另一套阀控主备状态、两套阀控间通信状态为逻辑判断条件，当主套阀控系统检测到请求切换，延时 1.5ms 仍为主机状态置切换失败标志位，或者本套阀控处于 OFF 状态收到主套阀控请求切换命令，且两套阀控系统通信正常，置位切换失败标志位，防止单套阀控系统出现设备故障并无法正常切换，采用延时 1.5ms 是为了躲避正常切换时的双主时间。

502. 什么是重复暂时性闭锁故障保护？

系统发生永久性故障时，暂时性闭锁可能多次动作，为避免换流阀从解锁到闭锁再解锁的持续频繁切换，造成设备损坏，设置了重复暂时性闭锁故障保护。该保护属于慢速保护，检测到重复暂时性闭锁故障后，下发闭锁命令，并出口跳闸。

503. 重复暂时性闭锁故障保护逻辑是怎样的？

重复暂时性闭锁故障保护逻辑为：以当前阀控运行状态、上周期阀控运行状态、暂时性闭锁标识、1s 内暂时性闭锁次数为逻辑判断条件。当阀控系统检测上一周期为解锁状态，当前为允许解锁状态，且接收到暂时性闭锁标志，阀控在 1s 内检测到 3 次从解锁状态跳转到允许解锁状态。置重复性暂时闭锁标志位，下发闭锁命令并出口跳闸，同时向 PCP 上报阀控跳闸请求。

504. 什么是持续暂时性闭锁故障保护？

为防止系统发生永久性故障时暂时性闭锁触发后闭锁失败导致桥臂电流持续增大，设置了持续暂时性闭锁故障保护。该保护属于慢速保护，检测到持续暂时性闭锁故障后，下发闭锁命令，并出口跳闸。

505. 持续暂时性闭锁故障保护逻辑是怎样的？

持续暂时性闭锁故障保护逻辑为：以当前暂时性闭锁状态和暂时性闭锁持续时间逻辑判断条件。当检测到暂时性闭锁标志位的持续时间超过设定值，置持续暂时性闭锁故障标志位，下发闭锁命令，并出口跳闸，同时向 PCP 上报阀控跳闸请求。

506. 什么是充电故障保护？

为防止系统在换流阀不控充电完成后接收到错误的充电模式标识而无法跳转出充电模式判断顺控状态，设置了充电故障保护。该保护属于慢速保护，检测到充电故障后，经过延时下发闭锁命令，并出口跳闸。

507. 充电故障保护逻辑是怎样的？

充电故障保护逻辑为：以当前阀控接收到的 PCP 交流充电模式标识、直流充电模式标识逻辑判断条件。模块比对完成后，当检测到 PCP 下发的充电模式标识为非直流充电模式，即非 0xAAAA；且非交流充电模式，即非 0x5555 时，延时50s，置充电故障标志位，下发闭锁命令，并出口跳闸，同时向 PCP 上报阀控跳闸请求。

508. 什么是模块比对故障保护？

为防止柔直系统附带黑模块解锁运行，设置了模块比对故障保护。若为交流充电模式则系统不允许解锁，若为直流充电模式则直接出口跳闸。

509. 模块比对故障保护逻辑是怎样的？

模块比对故障保护逻辑为：以运算板反馈模块比对结果、模块对比功能投退（该功能需在程序中投退）、模块对比完成标识为逻辑判断条件。在该保护使能且模块比对功能完成的情况下，当运算箱反馈六个桥臂中任意子模块比对不一致，延时200μs，置位模块比对失败标志位。若充电模式为交流充电，模块比对失败不允许解锁；若充电模式为直流充电，模块比对失败将下发闭锁命令，并出口跳闸，同时向 PCP 上报阀控跳闸请求。

510. 什么是双备故障保护？

为防止单元控制系统在双备状态下持续解锁运行，导致换流阀在不受控状态下运行，设置了双备故障保护。该保护属于慢速保护，检测到双备故障后，下发闭锁命令，并出口跳闸。

511. 双备故障保护逻辑是怎样的？

双备故障保护逻辑为：以当前阀控值班状态及另一套阀控值班状态为逻辑判断条件，当检测到当前阀控为非主运状态，且另一套阀控也为非主运状态，延时1.5ms，置充电故障标志位，下发闭锁命令，并出口跳闸，同时向 PCP 上报阀控跳闸请求。

512. 什么是脉冲分配屏掉电故障保护？

电源板内电容可存储能力，可在电源丢失后短时内保证控制器对阀的安全闭锁，为保证换流阀控制器在失电状态下处于受控范畴，设置掉电故障保护。

◉ **513. 脉冲分配屏掉电故障的保护原理和逻辑是怎样的?**

脉冲分配屏掉电故障保护原理为:AU1 脉冲分配屏第一、二路电源掉电检测信号、AU2 脉冲分配屏第一、二路电源掉电检测信号,双路电源同时丢失时进行保护,其他桥臂脉冲分配屏保护同理。判断依据为同一脉冲分配屏两路电源同时丢失。

脉冲分配屏掉电保护逻辑:以 A 相上桥臂为例,当主控箱判断由 DI 转接板送入的 AU1 脉冲分配屏两路电源均失去,或 AU2 脉冲分配屏两路电源均失去,置脉冲分配屏掉电故障标志位,下发闭锁命令,并出口跳闸,同时向 PCP 上报阀控跳闸请求。BU、CU、AD、BD、CD 脉冲屏掉电故障和 AU 逻辑相同。

第十章 ◉ 柔性直流单元保护系统

第一节 单元保护系统原理

◉ 514. 为什么要设置直流保护？

直流保护的目的是防止危害直流换流站内设备的过应力，以及危害整个系统（含交流系统）运行的故障。

◉ 515. 柔性直流保护系统的保护设计原则是什么？

柔性直流保护系统应可以自动适应直流系统的各种运行方式，保证灵敏性、可靠性、选择性和快速性。

◉ 516. 柔性直流保护系统与控制系统如何配合？

柔性直流保护系统与控制系统的控制功能、保护功能和动作参数应能正确协调配合，应先借助直流控制系统的能力去抑制故障发展，改善直流系统的暂态性能，保护的动作与控制系统调节参数相配合。保护装置与控制系统的接口应简洁、紧凑和可靠，宜采用通信方式连接，如网络、现场总线或其他串行数据连接方式，传输介质为光纤或通信电缆。如果需要可采用硬接线输入输出方式，开关量应采用强电开入，防止电磁干扰。如果保护系统和控制系统存在数据交换，应在冗余系统之间交叉传递。

◉ 517. 柔性直流输电保护系统对哪些故障具有保护的功能？

鲁西柔直保护对如下故障具备保护功能：
1）换流器故障，包括：换流器桥臂短路、换流器接地故障。
2）联接变压器二次侧交流连线接地及相间短路故障。
3）直流极短路、接地和开路故障。
4）直流场内设备闪络或接地故障。
5）直流控制系统误动或 AC 系统持续扰动对直流系统产生影响。

6）直流系统或设备在动态过程中发生故障。

7）防止换流站接地过电流危害。

518. 鲁西站柔直保护出口动作处理策略有哪几种类型？

直流保护系统针对不同的故障类型，不同保护出口动作处理策略类型主要包括：

1）告警。

2）闭锁换流器。

3）触发晶闸管。

4）跳交流进线断路器（同时锁定交流开关，并起动断路器失灵保护）。

519. 直流保护出口逻辑是怎样的？

鲁西站柔直保护出口逻辑如图 10-1 所示，每套保护系统内两个 CPU 向 FPGA 下发某项保护起动的出口矩阵及相应保护所采用的光 CT 测量通道状态，并结合另一套保护状态，共 5 个输入量进入 FPGA 进行逻辑判断，并输出最终的出口。

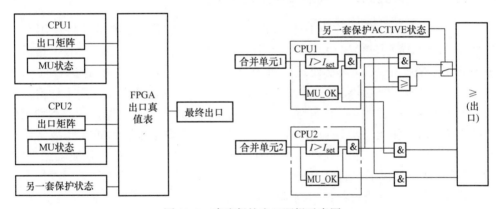

图 10-1　直流保护出口逻辑示意图

第二节　单元保护系统装置

520. 鲁西背靠背柔性直流单元保护系统的配置原则是什么？

直流保护设备应独立配置，功能配置按照柔性直流输电系统的主回路和运行方式，对交流母线区、换流阀区、直流极区的保护功能进行合理的设置，可采用完全双重化设计，应具备可靠性、灵敏性、选择性、快速性、可控性、安全性和可维护性等特点。完全双重化保护中，两套独立的换流单元保护系统的动作出口采取二取一方式，任何一套系统出口，都将执行其相应的出口策略。每套换流单元保护系统中，设计两个保护逻辑处理单元，每个单元测量接口完全独立，只有当两个保护逻辑处理单元的相同保护元件动作时，该套换流单元保护系统才会执行相应的保护出口策略。

521. 鲁西背靠背柔性直流保护系统的硬件构成是怎样的？

鲁西换流站柔性直流单元保护采用北京四方 CSD-350A 直流输电保护装置，按照完全双重化的设计方式，每套换流单元保护系统中设计双冗余故障判别单元。

522. 鲁西直流保护装置冗余配置方式是怎样的？

鲁西柔性直流单元保护系统按完全双重化设计，配置两套独立、完整的换流单元保护系统，每套换流单元保护系统中设计双冗余故障判别单元。两套独立的换流单元保护系统的动作出口采取二取一方式，每套换流单元保护系统双冗余故障判别单元采用二取二方式（特殊工况下转换为二取一方式），任何一套保护系统出口，都将执行其相应的出口策略。

523. 柔性直流保护系统的软件架构是怎样的？

柔性直流单元保护功能由 DSP 和 FPGA 两部分来完成。DSP 的软件采用 C 语言来编写，FPGA 的软件采用 FPGA 专用指令语言编写如图 10-2 所示。DSP 中的保护任务分为采样中断、故障处理中断和主循环。其中采样中断的执行周期为 $100\mu s$，主要完成模拟量数据采集及预处理、采样值差动保护以及采用采样值算法的电阻热过载保护功能。故障处理中断的调度周期为 1ms，完成保护功能判别用模拟量准备、保护功能逻辑判别、保护功能元件出口指令下发、保护动作报文填写等。主循环中主要完成和系统接口的交互、动作报文的上送、动作录波上送。FPGA 根据两块 DSP 板下发的保护元件出口指令和保护元件出口的有效标志进行出口逻辑的冗余判别，并将最终出口判别的结果发送给单元控制系统；FPGA 还负责将最终出口判别结果回传给 DSP，由 DSP 完成断路器的跳闸指令输出。

524. 柔性直流保护系统功能的 FPGA 板的保护功能是怎样的？

FPGA 根据两块 DSP 板下发的保护元件出口指令和保护元件出口的有效标志进行出口逻辑的冗余判别，并将最终出口判别的结果发送给单元控制。FPGA 将最终出口判别结果回传给 DSP，由 DSP 完成断路器的跳闸指令输出。

525. 如何提升直流保护装置的可靠性？

每套换流单元保护系统中，设计两个保护逻辑处理单元，每个单元测量接口完全独立。只有当两个保护逻辑处理单元的保护元件动作相同时，该套换流单元保护系统才会执行相应的保护出口策略。在出现测量回路故障时，为满足"杜绝拒动，

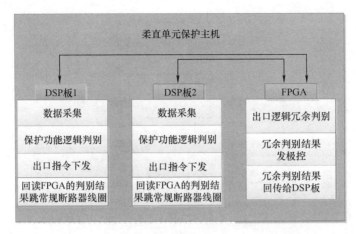

图 10-2　鲁西柔直保护装置 DSP 与 FPGA 功能图

尽可能避免误动"的要求，双重化的两套保护系统根据测量回路的故障情况采用不同的出口方式。

526. 测量异常情况下保护出口方式的变化是怎样的？

在出现测量回路故障时，为满足"杜绝拒动，尽可能避免误动"的要求，双重化的两套保护系统根据测量回路的故障情况采用不同的出口方式：

1）两套保护系统的所有测量回路正常的情况下，两套保护系统内保护元件均采取二取二出口方式，两套保护中任意一套出口均可停运直流系统。

2）某套保护系统在仅检测到一个保护逻辑处理单元出现测量回路故障时，退出测量回路故障的保护元件，出口逻辑仅采用测量回路正常的另一套保护元件的判别结果，其他保护元件不受影响，依然采取二取二的出口方式。此时双重化保护中另一套保护的出口方式仍保持其原状态。

3）某套保护系统检测到两个保护逻辑处理单元均出现测量回路故障或被人为退出运行状态时，该套保护中受影响的保护元件功能退出，同时通过两套保护系统间的通信方式通知另一套保护。如果另一套保护系统内的两个保护逻辑处理单元原本为二取二出口方式，则将变为二取一出口方式。

527. 直流保护系统跳断路器的出口方式是怎样的？

保护跳断路器出口采用"起动 + 动作"的方式，即保护起动后首先点通位于开入板卡上的起动继电器开放出口电源，然后保护跳断路器指令闭合开出板卡上的相应出口继电器，才能最终输出跳断路器的指令。

528. 保护装置如何发出给单元控制的闭锁指令和跳断路器的指令信号？

保护装置内部发出的给单元控制的闭锁指令和跳断路器的指令信号流如图 10-3

所示。

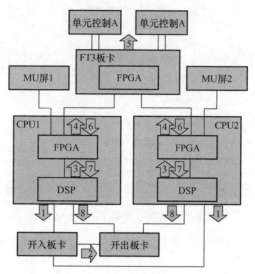

图 10-3　柔性直流保护出口指令信号流图

1—DSP 发保护起动命令　2—开入板开放出口电源给开出板

3—DSP 将处理的跳闸矩阵发送给 CPU 中的 FPGA

4—CPU 中的 FPGA 接收到的两个 DSP 的跳闸矩阵整合发送给光纤接口板中的 FPGA

5—光纤接口板中的 FPGA 将接收到的两个 CPU 的跳闸矩阵根据与或逻辑真值表处理，发送给两套单元控制

6—CPU 中的 FPGA 回读最终发送给单元控制的跳闸出口　7—DSP 回读最终发送给单元控制的跳闸出口

8—DSP 处理回读的最终跳闸出口中跳交流断路器的部分，发送给开出板闭合跳闸触点

529. 柔性直流保护系统选取了哪些测量点？

柔性直流保护有 13 个电气量测量点，常规互感器 4 个，光电感应互感器 9 个。其中光电互感器的远端模块和两套保护的 4 个 CPU 一一对应，IdZ 为中国西电集团有限公司供货，其余全为斯尼汶特供货，均采用能量光纤和数据光纤将远端模块和合并单元相联，不同测量点的数据在合并单元整合后，再通过尾纤传送至保护、阀控、单元控制及录波装置等。

第三节　单元保护系统功能

530. 鲁西柔性直流背靠背系统的主要故障类型是怎样的？

鲁西柔性直流背靠背系统的主要故障类型如图 10-4 所示，交流母线保护区内的故障类型包括 F2、F3、F4 单相接地、三相接地、相间短路、两相接地；换流器保护区的故障类型包括 F5 端间闪络、阀侧接地、F6 单相接地、F7 模块间短路；直流极保护区的故障类型包括 F8 正/负极接地、F9 正/负极接地、极间短路故障。

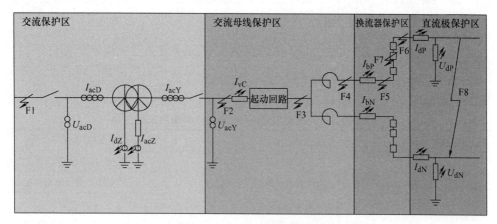

图 10-4 柔直故障类型示意图

531. 柔性直流保护区域是如何划分的？

柔性直流保护区域的划分与电压电流测量点如图 10-4 所示，包括交流保护区（区域 1）、交流母线保护区（区域 2）、换流器保护区（区域 3）、直流极保护区（区域 4）。

交流保护区主要为独立的联接变压器保护；交流母线保护区域包括联接变压器阀侧套管至桥臂电抗器网侧区域；换流器保护区域包括桥臂电抗器网侧至换流器正/负极线电流互感器之间的区域；直流极保护区域包括两侧换流器高/低压极线电流互感器之间的区域。针对以上各保护区内不同的故障类型，柔性直流保护系统对大部分故障提供了两种及以上原理保护功能，以及主后备保护功能。直流保护区包括交流母线保护区、换流器保护区和直流极保护区，其中交流母线保护区共有 9 项保护功能，换流器保护区共有 5 项保护功能，直流极保护区共有 6 项保护功能。

532. 交流母线区的保护范围是怎样的？

交流母线区的保护范围包含联接变压器阀侧母线、阀侧断路器及起动回路，各测点测量量有联接变压器网侧电压 U_{acD}、网侧电流 I_{acD}、网侧中性点 I_{dZ}、阀侧电压 U_{acY}、阀侧电流 I_{acY}、阀侧中性点电流 I_{acZ}、起动回路电流 I_{vC}。

533. 交流母线区配置了哪些保护功能？

交流母线区的保护功能包括：交流连接母线差动保护、交流连接母线过电流保护、交流低电压保护、交流过电压保护、交流连接母线接地保护、起动回路热过载保护、中性点电阻热过载保护、联接变压器中性点直流饱和保护、交流频率保护。

534. 柔性直流系统中交流母线侧 F2 故障点的主要故障类型及保护配合关系是怎样的？

柔性直流系统中交流母线侧 F2 故障点的主要故障类型有交流系统低电压、交流系统过电压、交流连接母线接地故障及交流连接母线相间故障等。保护配合关系见表 10-1。

表 10-1　交流母线侧 F2 故障点保护配合关系

故障点	主保护	冗余/后备保护
F2 交流系统低电压	交流低电压保护（27AC）	另一系统的交流低电压保护
F2 交流系统过电压	交流过电压保护（59AC）	另一系统的交流过电压保护
F2 交流连接母线接地故障	交流连接母线差动保护（87CH）低定值段 直流场区接地过电流保护（76SG）（直流极区）	交流连接母线接地保护（59ACVW） 起动回路热过载保护（49CH）
F2 交流连接母线相间故障	交流连接母线差动保护（87CH）低定值段 交流连接母线差动保护（87CH）高定值段	起动回路热过载保护（49CH）

535. 柔性直流系统中桥臂变压器侧 F3 故障点的主要故障类型及保护配合关系是怎样的？

柔性直流系统中桥臂变压器侧 F3 故障点的主要故障类型包括桥臂变压器侧接地故障及桥臂变压器侧相间故障，保护配合关系见表 10-2。

表 10-2　桥臂变压器侧 F3 故障点保护配合关系

故障点	主保护	后备保护
F3 桥臂变压器侧接地故障	桥臂电抗器差动保护（87BR）低定值段（换流阀区） 直流场区接地过电流保护（76SG）（直流极区）	交流连接母线接地保护（59ACVW） 起动回路热过载保护（49CH）
F3 桥臂变压器侧相间故障	桥臂差动保护（87CG）低定值段（换流阀区）	起动回路热过载保护（49CH）

536. 柔性直流系统中桥臂电抗器侧 F4 故障点的主要故障类型及保护配合关系是怎样的？

柔性直流系统中桥臂电抗器侧 F4 故障点的主要故障类型包括桥臂电抗器接地故障及相间故障，其保护配合关系见表 10-3。

表 10-3　桥臂变压器侧 F4 故障点保护配合关系

故障点	主保护	后备保护
F4 桥臂电抗器接地故障	桥臂差动保护（87CG）低定值段（换流阀区）直流场区接地过电流保护（76SG）（直流极区）	交流连接母线接地保护（59ACVW）起动回路热过载保护（49CH）
F4 桥臂电抗器相间故障	桥臂电抗器差动保护（87BR）低定值段（换流阀区）	起动回路热过载保护（49CH）

537. 交流连接母线差动保护的保护逻辑及适用的保护工况是怎样的？

交流连接母线差动保护反映当直流系统充电或正常运行时，发生的交流连接母线接地及相间故障，以联接变压器阀侧电流 I_{acY} 以及起动回路侧电流 I_{vC} 作为保护判别元件。

交流连接母线差动保护分为 3 段：1 段为告警段；2 段为低定值段，作为保护区域内单相接地故障的后备保护；3 段为高定值段，作为保护区域内严重故障（相间、两相接地、三相短路）的主保护。其逻辑是取接阀侧交流电流 I_{acY} 与起动回路交流电流 I_{vC} 三相差动电流有效值分别与定值比较，当差动电流大于越限门槛，保护起动，在差动电流小于 0.1 倍额定电流时经过 100ms 延时保护返回；当差动电流大于越限门槛并且大于制动电流乘以制动系数时，经延时后出口跳闸。

538. 交流连接母线过电流保护的保护原理及适用的故障工况是怎样的？

交流母线过电流保护取联接变压器阀侧电流 I_{acY} 及起动回路网侧电流 I_{vC} 三相电流，检测当因故障或是其他原因导致交流连接母线上通过的电流超过限值时，可能出现的过电流故障。其动作时间要保证重要设备不长时间过电流，也要避免直流控制系统无法稳定运行，需要与交流母线区主设备过电流能力配合。

交流母线过电流保护作为交流连接母线短路故障的后备保护，共设置 1768A/5s、1928A/3s、2410A/0.5s 三段，取联接变压器阀侧电流 I_{acY}、起动回路网侧电流 I_{vC} 三相的有效值中的最大值，与定值进行比较，再经延时后出口跳闸。

539. 交流低电压保护的保护原理及适用的故障工况是怎样的？

交流低电压保护属于交流母线区保护，检测交流电压降低，动作时间需与交流系统保护配合，一般作为交流系统的后备保护，同时与另一换流单元保护系统的交流低电压保护互为后备，防止由于交流电压过低引起直流系统异常。

交流低电压保护采用联接变压器网侧电压 U_{acD} 的全波平均值进行判断，当网侧电压小于低电压门槛定值，达到动作延时后，出口跳闸。在断路器合位状态下，取联接变压器网侧电压 U_{acD} 相间电压的平均值, 当断路器合上后, 网侧电压 U_{acD} 相间电压低于低电压定值并持续 500ms, 用网侧相间电压 U_{acD} 三相最大值和低电压定值比较, 低于定值经延时后跳闸。当断路器处于分位后, 保护功能退出。

▷ 540. 交流过电压保护的保护原理及适用的故障工况是怎样的?

交流过电压保护属交流母线区保护, 该保护防止由于交流系统异常引起交流电压过高导致设备损坏, 一般作为交流系统的后备保护, 同时与另一换流单元保护系统的交流低电压保护互为后备, 防止由于交流电压过高引起直流系统异常。

交流过电压保护采用联接变压器网侧电压 U_{acD} 的一周波平均值进行判断, 当网侧电压大于过电压门槛定值, 达到动作延时后, 出口跳闸。

▷ 541. 交流连接母线接地保护的保护原理及适用的故障工况是怎样的?

交流连接母线接地保护属于交流母线区保护, 取联接变压器阀侧三相电压 U_{acY} 及阀侧零序电压 U_{acY0}, 检测交流母线区是否发生接地故障。该保护在换流器解锁状态下退出, 主要目的是在柔直系统解锁前, 检测联接变压器阀侧及换流器交流侧是否发生接地故障。

交流连接母线接地保护取联接变压器阀侧电压 U_{acY} 计算零序电压, 并与零序电压测量值 U_{acY0} 比较取最小值再与定值比较, 目的是防止阀侧电压测量 PT 二次回路异常时, 计算出较大的零序电压导致保护误动。阀侧相电压 U_{acY} 取三相中的最小值与定值比较, 当零序电压与阀侧相电压均满足定值, 再经延时后出口跳闸。

▷ 542. 中性点电阻热过载保护的保护原理及适用的故障工况是怎样的?

中性点热过载保护联接变压器阀侧中性点电流 I_{acZ} 计算中性点电阻累计的热量, 该保护的主要目的是防止中性点电阻过热而损坏。该保护作为阀侧中性点电阻的主保护, 共设置 3 段。中性点热过载保护动作时间的计算采用公式: $t = \tau \ln \dfrac{I_{eq}^2}{I_{eq}^2 - I_\infty^2}$, τ 为电阻的发热时间常数; I_{eq} 为当前流过电阻的等效电流; I_∞ 为电阻的最大持续通流能力。该保护的后备保护为另一系统的起动回路热过载保护。取联接变压器阀侧中性点电流 I_{acZ}, 考虑中性点电阻发热与散热量, 计算电阻累积热量, 若累积热量未超过 1.1 倍的额定值则取实际累积热量, 若超过 1.1 倍则将累积热量限制为 1.1 倍的额定值, 防止中性点电阻热量累积量过大, 难以返回。电阻累积热量达到定值后经延时出口跳闸。

▷ 543. 联接变压器中性点直流饱和保护的保护原理及适用的故障工况是怎样的?

联接变压器中性点直流饱和保护属交流母线区保护, 本保护监测联接变压器一次侧中性点电流，当运行不平衡时，会有直流电流通过联接变压器中性点流入，引起铁心饱和并导致励磁电流畸变，本保护可防止联接变压器中性点流过较大直流电流对联接变压器造成热损坏。通过取联接变压器网侧中性点电流 I_{dZ} 的平均值（1周波）进行滤波处理，判断满足联接变压器厂家提供相关参数延时出口告警。联接变压器中性点直流饱和保护取联接变压器网侧中性点电流 I_{dZ} 的平均值（1周波），进行二阶 Butterworth 低通滤波，截止频率为 30Hz，判断大于电流定值，再经延时后出口跳闸。

544. 起动回路热过载保护的保护原理及适用的故障工况是怎样的？

起动回路热过载保护属于交流母线区保护，可防止起动电阻过热，该保护反应起动过程中 F2、F3、F4、F5 点的相间及接地故障，保护分为 3 段，针对起动过程中的短路故障，还配置有起动过电流保护。保护判据需根据起动电阻的参数制定，考虑热量累计和热量消散，用 I_{acY} 和起动回路的旁路刀开关的位置作为判据：在保护控制字投入、保护投入状态、保护压板投入、MU 无故障情况、断路器合位状态、旁路刀开关分位状态下，取联接变压器阀侧电流 I_{acY} 三相电流的瞬时值分别进行循环热累积计算，并循环与热过载容量定值进行比较。当任意一相热量累积超过定值，并且判断出起动回路刀开关和网侧断路器刀开关位置正确，则经延时后输出保护起动标志、出口矩阵，并将出口矩阵及 MU 的 OK/BAD 标志下发至 FPGA，并通过 FPGA 出口真值表判断最终保护出口。

545. 交流频率保护功能的保护原理及适用的故障工况是怎样的？

交流频率保护属于交流母线区保护，当断路器发生偷跳时，联接变压器阀侧电压会由于单元控制锁相环失去基准而发生偏移，发生长时间的频率偏移导致直流系统闭锁跳闸。通过取联接变压器阀侧电压 U_{acY} 进行频率计算判断，防止交流断路器偷跳使连接变压器阀侧交流频率发生偏移故障。若发生断路器偷跳，使直流系统与交流系统连接断开，相应的保护有单元控制的断路器偷跳保护、双端无流保护与直流保护的交流频率保护。断路器偷跳保护判断阀侧断路器与交流串开关是否为断开状态，并判断阀侧电流小于 7.7A，延时 1s 跳闸；双端无流保护为解锁条件下，只判断直流电流小于 8A，延时 6s 跳闸。

546. 换流阀区的保护范围是怎样的？

换流阀区的保护范围如图 10-5 所示，包含桥臂电抗器及各桥臂换流阀，各测点测量量有联接变压器阀侧电压 U_{acY}、起动回路电流 I_{vC}、桥臂电抗器 I_{bP} 和 I_{bN}、正负极直流电压 U_{dP} 和 U_{dN}、正负极直流电流 I_{dP} 和 I_{dN}。

547. 换流阀区配置了哪些保护功能？

换流阀区的保护范围包含桥臂电抗器及各桥臂换流阀，各测点的测量量有联接

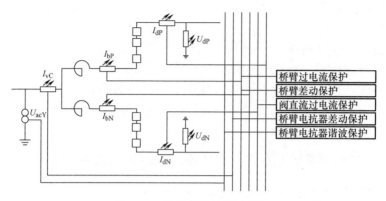

图 10-5　换流阀区的保护范围

变压器阀侧电压 U_{acY}、起动回路电流 I_{vC}、桥臂电抗器 I_{bP} 和 I_{bN}、正负极直流电压 U_{dP} 和 U_{dN}、正负极直流电流 I_{dP} 和 I_{dN}。换流阀区的保护功能包括：桥臂差动保护、桥臂过电流保护、阀直流过电流保护、桥臂电抗器差动保护、桥臂电抗器谐波保护等。

548. 阀区桥臂低压侧 F5、F6、F7 等故障点有哪些故障类型？

阀区桥臂低压侧 F5 故障点的故障类型主要有接地故障及相间故障；阀区桥臂 F6 故障点的故障类型主要有极对地故障及极间故障；阀区桥臂阀组 F7 故障点的故障类型主要有阀组接地故障、桥臂阀组相间故障或极间故障。

549. 桥臂差动保护的保护原理及适用的故障工况是怎样的？

桥臂差动保护属于换流阀区保护，检测桥臂短路、阀组接地故障，本保护作为换流阀短路故障的主保护。在保护控制字投入、保护投入状态、保护压板投入状态下，取上桥臂电流 I_{bP}、下桥臂电流 I_{bN}、正极直流电流 I_{dP}、负极直流电流 I_{dN} 计算差动电流的有效值。当差动电流大于差流越限电流定值，经延时后输出保护起动标志和差流越限告警报文。差动电流告警段不判断对应通道 MU 品质异常，因此若相应的通道有品质异常，差动电流告警段仍会动作。

550. 桥臂过电流保护的保护原理及适用的故障工况是怎样的？

桥臂过电流保护属于换流阀区保护，检测换流阀的接地、短路故障，以及换流阀过载，本保护作为换流阀短路故障的后备保护。桥臂过电流保护共有 4 段，其中 1 段、2 段、3 段采用有效值进行判断，4 段为快速保护，根据柔直换流阀具备 1.1 倍额定电流 3s 的过负荷能力整定，直接采用瞬时值判断。在保护控制字投入、保护投入状态、保护压板投入、MU 无故障情况下，取 6 个桥臂电流有效值的最大值，与定值进行比较，再经延时后输出保护起动标志并出口跳闸命令。

551. 桥臂电抗器差动保护的保护原理及适用的故障工况是怎样的？

桥臂电抗器差动保护属于换流阀区保护，检测桥臂电抗器上的故障，与桥臂电抗器参数配合，作为桥臂电抗器保护的主保护，以桥臂过电流保护、桥臂电抗器谐波保护作为后备。在保护控制字投入、保护投入状态、保护压板投入的情况下，取起动回路电流 I_{vC}、上桥臂电流 I_{bP}、下桥臂电流 I_{bN} 三相有效值，差动电流等于 $I_{vC} - I_{bP} - I_{bN}$，当差动电流大于差流越限电流定值，经延时后输出保护起动标志和差流越限告警报文。差动电流告警段不判断对应通道 MU 品质异常，因此若相应的通道有品质异常，差动电流告警段仍会动作。

552. 桥臂电抗器谐波保护的保护原理及适用的故障工况是怎样的？

在保护控制字投入、保护投入状态、保护压板投入、MU 无故障情况下，取 I_{bP} 和 I_{bN} 三相电流进行基波有效值和总谐波有效值计算，在满足基波电流门槛 0.1 倍桥臂电抗器一次额定电流的条件下，取总谐波有效值与基波有效值比值的最大值，与定值进行比较，再经延时后输出保护起动标志并出口跳闸命令。

553. 阀直流过电流保护功能的保护原理及适用的故障工况是怎样的？

阀直流过电流保护属于换流阀区保护，保护区域包括换流器、直流极，可防止直流电流过大造成设备损坏。在保护控制字投入、保护投入状态、保护压板投入、MU 无故障情况下，取 I_{dP}、I_{dN} 的最大值（I_{dP}、I_{dN} 分别取一周波的平均值），与定值进行比较，再经延时后输出保护起动标志并出口跳闸命令。

554. 直流极区的保护范围是怎样的？

直流极区的保护范围如图 10-6 所示，主要保护区域为直流极线，各测点的测量量有联接变压器阀侧中性点电流 I_{acZ}、正负极直流电压 U_{dP} 和 U_{dN}、正负极直流电流 I_{dP} 和 I_{dN}。

555. 直流极区配置了哪些保护功能？

直流极区的保护范围为直流极线，各测点的测量量有联接变压器阀侧中性点电流 I_{acZ}、正负极直流电压 U_{dP} 和 U_{dN}、正负极直流电流 I_{dP} 和 I_{dN}。配置的保护包括直流电压不平衡保护、直流低电压过电流保护、直流过电压保护、直流场接地过电流保护、50Hz 保护等。

556. 电压不平衡保护的保护原理及适用的故障工况是怎样的？

电压不平衡保护属于直流极区保护，该保护主要针对直流极发生单极接地的不对称故障，本保护作为直流单极接地故障的后备保护。该保护共有 3 段，电压不平

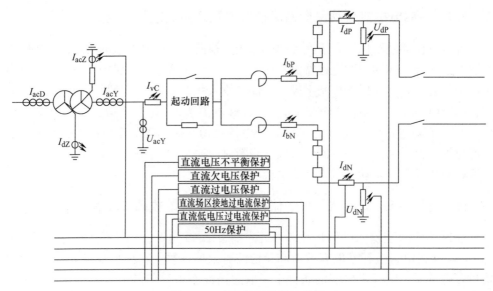

图 10-6   直流极区的保护范围

衡保护 1 段、2 段只对直流电压一周波的平均值进行判断，3 段对直流电压平均值及联接变压器阀侧中性点的有效值进行判断。

557. 直流场接地过电流保护的保护原理及适用的故障工况是怎样的？

直流场接地过电流保护属于直流极区保护，作为直流场单点接地故障的主保护。直流场接地过电流保护共有 2 段，1 段采用全波方均根值进行判断，2 段采用半波方均根值即 10ms 数据窗内进行判断，1 段出口告警，2 段出口跳闸。保护逻辑为取联接变压器阀侧中性点电流 I_{acZ} 的方均根值，与定值进行比较，再经过延时后出口跳闸。

558. 直流过电压保护的保护原理及适用的故障工况是怎样的？

直流过电压保护属于直流极区保护，保护系统因控制异常、分接头操作错误、直流极接地故障、直流极线开路等故障造成的过电压。考虑阀的过电压能力及阀控中的过电压保护功能，直流过电压保护作为换流阀本体过电压保护的后备保护。直流场过电压保护逻辑为：在保护控制字投入、保护投入状态、保护压板投入、MU无故障、直流隔刀在合位的情况下，取 I_{dP}、I_{dN} 的平均值（1 周波），确保 I_{dP}、I_{dN} 的平均值曾经大于 0.05 倍的阀直流额定电流，满足 1s 时间延时后，再判断 I_{dP}、I_{dN} 小于定值且 U_{dP}、U_{dN} 大于定值，经延时后输出保护起动标志并出口跳闸命令。

559. 直流低电压保护的保护原理及适用的故障工况是怎样的？

直流低电压保护属于直流极区保护，检测直流正、负母线上出现对称性的电压

降低故障。直流低电压保护共有 1 段，采用正极电压 U_{dP} 和负极电压 U_{dN} 的一周波平均值进行判断，当极间电压小于低电压门槛定值且双极不平衡电压小于不平衡门槛定值，达到动作延时后，出口跳闸。保护逻辑为：在保护控制字投入、保护投入状态、保护压板投入、MU 无故障情况、换流器解锁状态下，取直流正极电压 U_{dP} 及负极电压 U_{dN} 的平均值，当换流器解锁后，极间电压 $|U_{dP} - U_{dN}|$ 大于低电压定值并持续 1s，开放保护；当保护动作或换流器闭锁后，保护退出。保护开放后，用极间电压 $|U_{dP} - U_{dN}|$ 和低电压定值比较，低于定值出口，用不平衡电压 $|U_{dP} + U_{dN}|$ 与不平衡定值进行比较，低于定值出口，当两个判据同时出口时，经延时后输出保护起动标志并出口跳闸命令。

560. 直流低电压过电流保护的保护原理及适用的故障工况是怎样的？

直流低电压过电流保护属于直流极区保护，保护整个直流系统，检测各种原因造成的接地短路故障，主要反映直流极双极短路的故障，需与其他反映接地故障的保护和直流设备过流能力相配合，作为直流系统保护的主保护，同时以直流过电流保护作为后备。保护逻辑为：当保护控制字投入、保护投入状态、保护压板投入、MU 无故障情况状态下，取上桥臂电流 I_{bP} 和下桥臂电流 I_{bN} 三相最大值，与过流定值对比，取正极电压 U_{dP} 和负极电压 U_{dN} 计算极间电压绝对值，与低电压定值对比，当电压低于定值且相应的电流大于定值并持续 $200\mu s$ 时，输出保护起动标志并出口跳闸命令。

561. 50Hz 保护的保护原理及适用的故障工况是怎样的？

50Hz 保护属于直流极区保护，主要反映桥臂电抗器闪络等故障引起的直流线路上基波电流分量增大。50Hz 保护共有 2 段，1 段出口告警，2 段出口跳闸；电流基波分量采用傅式滤波（一周波），电流直流分量采用采样值低通滤波。保护逻辑为：在保护控制字投入、保护投入状态、保护压板投入、MU 无故障情况下，取 I_{dP}、I_{dN} 采样值进行傅式滤波和低通滤波处理，将处理后的 I_{dP}、I_{dN} 基波分量和直流分量分别与电流门槛值进行比较，再将处理后的 I_{dP}、I_{dN} 基波分量与直流分量的比值与定值进行比较，经延时后出口跳闸。

562. 柔直保护装置配置了哪些针对通信中断或测量异常的保护功能？

针对通信中断或测量异常，主要配置了以下保护功能：双套单元控制退出保护、模拟量品质异常检测保护、CT 异常检测保护、开入异常检测保护等。

563. 什么是双套单元控制退出保护？

当保护装置检测到与本套装置连接的两套单元控制系统都处于停运状态，本套保护装置将判断双套单元控制退出并出口跳闸。保护装置与两套单元控制系统各两路光纤连接，通过检测单元控制系统是否向保护发送 ACTIVE 状态和与单元控制系统连接光纤是否中断，判断与本装置连接的双套单元控制系统是否都处于退出状态。

▶ 564. 什么是模拟量品质异常检测保护?

当与保护装置连接的常规 CT、光 CT 和光 PT 对应的通道通信中断或合并单元发送对应通道的品质异常信号，本套装置判断为模拟量品质异常并告警。与保护装置连接的模拟量通道共有 18 个，包括 3 个常规 CT 阀侧电流通道，15 个光 CT、PT 测量通道，任一通道有品质异常都将经延时发送告警报文。

▶ 565. 什么是 CT 异常检测保护?

当联接变压器阀侧 CT 二次回路发生故障，将导致装置收到的联接变压器阀侧电流测量异常，通过 CT 异常检测可以判断出 CT 二次回路故障，并经延时发出 CT 异常告警。联接变压器阀侧 CT 二次回路发生单相断线故障或接触不良时，会使故障相电流降低，并产生较大的零序电流，通过检测三相电流的零序分量，可以判断出 CT 异常，并发出告警。

▶ 566. 什么是开入异常检测保护?

当联接变压器阀侧 PT 二次回路发生故障，将导致装置收到的联接变压器阀侧电压测量异常，通过 PT 异常检测可以判断出 PT 二次回路故障，并经延时发出 PT 异常告警。联接变压器阀侧 PT 二次回路发生三相断线故障或一次测量异常导致电压相位偏移时，通过检测三相电压、电流，可以判断出 PT 失压或 PT 断线故障，并发出告警。

第四节　联接变压器保护配置

▶ 567. 鲁西柔直联接变压器设置了哪些电气量保护?

鲁西柔直联接变压器的电气量主保护包括：差动速断保护、比率差动保护、变化量比率差动保护等；后备保护包括：网侧接地阻抗保护、网侧复压过电流保护、网侧连续过电流保护、网侧连续反时限保护、过励磁保护、阀侧相间阻抗保护、阀侧接地阻抗保护、阀侧复压过电流保护、阀侧零序过电流保护。其他保护告警包括 CT 断线告警、差流越限告警等。

▶ 568. 鲁西柔直联接变压器设置了哪些非电气量保护?

鲁西柔直联接变压器非电气量保护通过采集联接变压器本体非电量信号，进入装置后直接给出起动出口的触点和信号触点。非电量保护包括本体重瓦斯保护、轻瓦斯保护、套管升高座气体继电器跳闸保护、调压开关气体继电器跳闸保护、调压开关油流继电器跳闸保护、绕温高跳闸保护、油温高跳闸保护等。根据南方电网公司反措要求，绕温高保护、油温高保护只告警，不出口跳闸。

569. 鲁西柔直联接变压器的保护设备应与换流站的哪些设备进行通信？

鲁西柔直联接变压器的保护设备应接受站内同步时钟系统发出的对时信号、应提供与监控系统的网络接口、与保护故障信息系统的网络接口以及与直流控制设备之间的开关量信号接口。

570. 鲁西柔直联接变压器的保护出口方式是怎样的？

对于单重化和双重化的联接变压器保护，每一种电气量和非电气量保护应为每组交流进线断路器和联接变压器阀侧断路器提供两路跳闸出口，分别接入该断路器的两个线圈。保护继电器的动作电压在任何恶劣的环境下不会导致保护误动或拒动。

571. 鲁西柔直联接变压器差动速断保护的原理是什么？

差动速断保护检测引线区及联接变压器本体间的严重短路故障，防止设备损坏。以联接变压器网侧进线开关电流 I_1、I_2 以及阀侧套管电流 I_V 作为保护判别元件，如图 10-7 如示。

差动速断保护动作需要满足以下条件：主保护硬压板、软压板均投入；差动电流大于定值；保护起动 10ms 后，差动速断保护投入；保护起动 20ms 后，差动速断保护退出。其中，保护起动的条件为任意一相差流大于 0.8 倍差动保护起动电流定值（$0.8I_{cd}$）。

572. 鲁西柔直联接变压器比率差动保护的原理是什么？

鲁西柔直联接变压器比率差动保护检测引线区及联接变压器本体间的短路故障，防止设备损坏，加入了比率制动原理，防止差动保护误动。以联接变压器网侧进线开关电流 I_1、I_2 以及阀侧套管电流 I_V 作为保护判别元件。

573. 鲁西柔直联接变压器变化量比率差动保护的原理是什么？

鲁西柔直联接变压器变化量比率差动保护检测引线区及联接变压器本体间的短路故障，主要检测判别突变的故障量，防止设备损坏。以联接变压器网侧进线开关电流 I_1、I_2 以及阀侧套管电流 I_V 作为保护判别元件。

574. 鲁西柔直联接变压器网侧相间阻抗保护的原理是什么？

鲁西柔直联接变压器网侧相间阻抗保护作为差动保护的后备保护，主要检测联

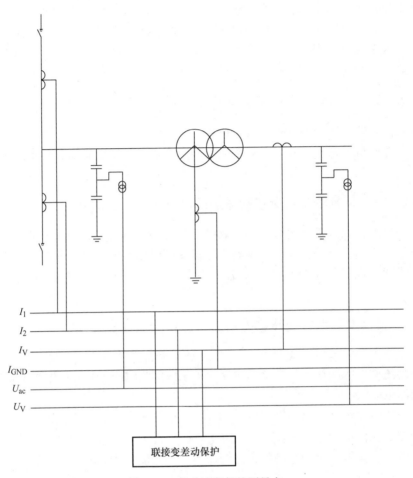

图 10-7   差动速断保护测量点

接变压器间隔的相间短路故障。以联接变压器网侧进线开关电流 I_1、I_2 以及网侧进线电压作为保护判别元件。

575. 鲁西柔直联接变压器网侧接地阻抗保护的原理是什么？

鲁西柔直联接变压器网侧接地阻抗保护作为差动保护的后备保护，主要检测联接变压器间隔的单相接地短路故障。以联接变压器网侧进线开关电流 I_1、I_2 以及网侧进线电压作为保护判别元件。

576. 鲁西柔直联接变压器网侧复压过电流保护的原理是什么？

鲁西柔直联接变压器网侧复压过电流保护作为差动保护的后备保护，检测联接变压器因各种原因造成的过电流，防止因过电流造成设备损坏，另配置复压元件作为辅助判据，防止保护误动。以联接变压器网侧进线开关电流 I_1、I_2 以及网侧进线电压作为保护判别元件。

577. 鲁西柔直联接变压器网侧零序过电流保护的原理是什么？

鲁西柔直联接变压器网侧零序过电流保护作为差动保护的后备保护，检测联接变压器的不平衡故障。以联接变压器网侧中性点零序电流 I_{GND}、网侧进线开关电流 I_1、I_2 以及网侧电压 U_{ac} 作为保护判别元件。I_{GND} 作为过电流保护判别量，I_1、I_2、U_{ac} 计算零序电流方向。

578. 鲁西柔直联接变压器网侧零序反时限保护的原理是什么？

鲁西柔直联接变压器网侧零序反时限保护作为差动保护的后备保护，检测联接变压器的不平衡故障，故障越严重时动作速度越快。以联接变压器网侧中性点零序电流 I_{GND}、网侧进线开关电流 I_1、I_2 作为保护判别元件。I_{GND} 作为过电流保护判别量，I_1、I_2 作为 CT 断线判别量。

579. 鲁西柔直联接变压器过励磁保护的原理是什么？

鲁西柔直联接变压器过励磁保护作为联接变压器本体的后备保护，检测联接变压器铁心的饱和情况，防止因过励磁造成联接变压器损坏。以联接变压器网侧进线电压 U_{AC} 及其频率 f 作为保护判别元件。变压器会由于电压升高或者频率降低出现过励磁，过励磁保护能有效地防止变压器因过励磁造成的损坏。过励磁保护由定时限和反时限两部分构成，其中定时限告警，反时限可通过控制字选择告警或跳闸。反时限过励磁保护整定时，必须与变压器制造厂商提供的过励磁能力曲线相配合。

580. 鲁西柔直联接变压器阀侧相间阻抗保护的原理是什么？

鲁西柔直联接变压器阀侧相间阻抗保护作为差动保护的后备保护，主要检测联接变压器间隔的相间短路故障。以联接变压器阀测套管电流 I_V 以及阀侧电压 U_V 作为保护判别元件。

581. 鲁西柔直联接变压器阀侧接地阻抗保护的原理是什么？

鲁西柔直联接变压器阀侧接地阻抗保护作为差动保护的后备保护，主要检测联接变压器间隔的单相接地短路故障。以联接变压器阀测套管电流 I_V 以及阀侧电压 U_V 作为保护判别元件。保护取各相电压及相电流进行相间阻抗计算，对指向母线的接地阻抗进行零序补偿。指向主变的接地阻抗零序补偿系数 K 固定为 0，对指向母线的接地阻抗的定值进行补偿。指向母线的接地阻抗零序补偿系数 K 可通过定值整定。

582. 鲁西柔直联接变压器阀侧复压过电流保护的原理是什么？

鲁西柔直联接变压器阀侧复压过电流保护作为差动保护的后备保护，检测联接变压器因各种原因造成的过电流，防止因过电流造成设备损坏，另配置复压元件作为辅助判据，防止保护误动。以联接变压器阀测套管电流 I_V 以及阀侧电压 U_V 作为保护判别元件。

583. 鲁西柔直联接变压器阀侧零序过电流保护的原理是什么？

鲁西柔直联接变压器阀侧零序过电流保护作为差动保护的后备保护，检测联接变压器的不平衡故障。以联接变压器阀测套管电流 I_V 自产零序电流以及阀侧电压 U_V 作为保护判别元件。I_V 作为过电流保护判别量，I_V 与 U_V 计算零序电流方向。该保护反应大电流接地系统的接地故障，作为变压器和相邻元件的后备保护。网侧零序（方向）过电流保护采用开关自产零流或中性点电流，阀侧固定采用套管自产零流，方向可投退，均固定指向变压器。

584. 鲁西柔直联接变压器保护设备的稳定性要求是什么？

鲁西柔直联接变压器保护设备的平均无故障间隔时间（MTBF）应不小于100000 小时。

585. 联接变压器保护设备对测量精度和动作精度有什么要求？

联接变压器保护设备的测量精度的要求为模拟量测量综合误差不大于1%；模数转换分辨率不小于 14 位。动作精度的要求为动作误差不超过 ±5%。

第十一章 ◑ 鲁西柔性直流单元的运行与维护

第一节 系统运行方式

◑ **586. 鲁西柔性直流单元有哪几种运行方式?**

鲁西柔性直流单元有以下三种运行方式:

1)正常输电运行方式:两侧换流器均与交流系统正常连接,直流正常联接;两侧换流器通过直流母线正常输送有功功率,两侧换流器可独立向本侧交流系统提供无功。

2)单端 STATCOM 运行:任何一侧换流器与交流系统正常联接,直流极断开,换流器可向本侧交流系统提供无功。

3)黑起动运行:当一侧交流系统失压的情况下,可通过柔性直流对失压交流系统进行黑起动。

◑ **587. 柔性输电直流极分别有哪几种状态?**

柔性输电直流极有五种状态:接地(Earthed)、停运(Stopped)、备用(Standby)、闭锁(Blocked)和解锁(Deblocked)。

◑ **588. 柔性直流极的状态是如何互相转换的?**

柔性直流极的五种状态可以相互转换,在自动顺序下极状态转换表见表 11-1。

表 11-1 极状态转换表

实际状态	可选择状态				
	接地	停运	备用	闭锁	解锁
接地	0	1	0	0	0
停运	1	0	1	0	0
备用	0	1	0	1	0
闭锁	0	0	1	0	1
解锁	0	0	1	0	0

注:表中"1"表示可选,"0"表示不可选。

柔性直流单元的这五种状态的直接相互转换，有手动方式和自动方式。在自动方式下，顺控一旦开始则无法逆转，必须达到定义的状态或者顺控执行过程中存在异常，才能进行后续的操作。手动方式则不同，任何一步操作结束，在联锁条件满足的情况下都可选择是否继续进行后续的操作。

▶ 589. 柔性直流单元从接地到停运的步骤是什么？

柔性直流单元从接地到停运的步骤为：分检测阀厅门闭锁、分阀厅地刀、分换流变压器二次侧地刀、分边断路器两侧地刀、分中断路器两侧地刀、分交流串出线地刀，转换为停运状态。

▶ 590. 柔性直流单元从停运到备用的步骤是什么？

柔性直流单元从停运到备用的步骤为：进行单双母连接选择、检测阀厅门关闭、合阀侧断路器两侧隔刀、合相应断路器两侧隔刀、调整分接头档位、检查阀冷、联接变压器冷却系统正常，转换为备用状态。

▶ 591. 柔性直流单元从备用到闭锁的步骤是什么？

柔性直流单元从备用到闭锁顺控逻辑分正常充电模式和主动充电模式两种，表 11-2 规定了不同运行模式下两端系统的充电模式。正常充电模式为：当有交流系统时，阀模块通过交流侧预充电回路，经过不控整流将模块电容电压充到 0.7pu，之后进入可控充电，直至充至额定电压。主动充电模式为：当交流系统发生故障切除后，并且换流器工作在黑起动运行模式下，阀模块需要通过直流侧充电。

表 11-2　充电模式表

运行模式	云南侧	广西侧
柔直云南至广西正常输电	正常充电	正常充电
柔直广西至云南正常输电	正常充电	正常充电
黑起动运行（广西侧）	正常充电	主动充电
黑起动运行（云南侧）	主动充电	正常充电
STATCOM	正常充电	正常充电
OLT	正常充电	正常充电

选择闭锁之前，必须完成直流系统的运行方式配置，正常充电模式顺序为：备用、合阀侧断路器、合 1M/2M 侧断路器、充电完成、合充电旁路刀开关、转换为闭锁状态。主动充电模式顺序为：备用、主动充电完成、合充电旁路开关、闭锁、充电允许、合阀侧断路器。

▶ 592. 柔性直流单元从闭锁到解锁的步骤是什么？

柔性直流单元从闭锁到解锁分两端运行模式和单端运行模式两种。两端运行时，将协调两端的柔性直流单元控制的解锁请求，以使控直压端先于控功率端解锁，顺序为：闭锁、解锁允许、解锁控直流电压侧、解锁控功率侧，转为解锁状态。单端运行时，顺序为：闭锁、解锁允许、解锁本侧，转为解锁状态。

593. 柔性直流单元充电起动的过程及特点是怎样的？

模块化多电平换流器的充电策略分为 2 个阶段：不控整流预充电阶段和子模块数递减解锁阶段。在 MMC 拓扑下，换流阀功率模块需要在起动充电过程中进行高位自取能，完成内部板块初始化并开启工作状态，与常规直流存在较大区别。同时由于大量分布式储能电容的存在，柔直换流阀在解锁前还存在电容电压发散的问题。

594. 什么是柔性直流单元起动过程中的不控整流阶段？

不控整流阶段是待起动的换流站通过交流侧进行预充电，每条充电支路上包含 N 个直流电容，电容电压可充到 70% 左右。子模块自取能电源的起动电压一般取额定电压的 25%，该阶段结束后所有模块的自取能电源均已起动，可进入接下来的可控充电阶段。

595. 为什么半桥型 MMC 起动中会产生电容电压不均衡的问题？

由于功率模块间内部参数的不均衡，如电容容值差异、自取能电源功耗差异等以及功率模块处于阀塔不同电气和结构位置，其对地电容等杂散参数不一致，在起动过程中会产生电容电压不均衡的问题。采取的措施主要是依靠功率模块内部的均压电阻的正向均压特性以及限制不控充电状态的持续时间，避免电容电压不均衡进一步扩大后导致电压高的功率模块过电压损坏、电压低的功率模块取能电源掉电。

596. 为什么在起运过程中会产生"黑模块"？

"黑模块"是指因为上行光纤故障、取能电源故障等原因失去监视状态的功率模块。由于柔直功率模块一般位于高电位，需要通过光纤与处于地电位的阀控装置通信，需要通过自身电容器自取能，功率模块与阀控保持正常通信是控制保护有效运行的前提条件，当通信模块或者自取能模块故障后，模块将失去监视状态，成为"黑模块"。

597. "黑模块"有哪几种类型？

换流阀起动到运行过程，可能有以下几类"黑模块"：A 类"黑模块"，在系统上一次运行过程中已经旁路的功率模块。电容不会被充电，取能电源和二次板卡不会工作。B 类"黑模块"，充电前功率模块至阀级控制器的上行光纤故障，重新起动时电容会被充电，取能电源及控制板卡会正常工作。C 类"黑模块"，充电前内部取能电源或二次板卡故障，重新起动时电容会被充电，但功率模块失去旁路能力。D 类"黑模块"，解锁运行后功率模块的上行光纤发生故障，功率模块上送的状态信息中断，但功率模块能够接收指令并旁路。E 类"黑模块"，解锁运行后内部取能电源或二板卡故障，功率模块上送的状态信息中断，但功率模块内部的容错机制能够使功率模块自行旁路。

598. 产生"黑模块"后存在的风险是什么？

以上 A～E 共 5 种类型"黑模块"，仅 C 类"黑模块"将对换流阀产生威胁，其他类型的"黑模块"均能够实现旁路从换流阀中切出。C 类"黑模块"在充电前取能电源或二次板卡故障等原因已失去旁路能力，因此解锁运行后该类功率模块将在换流阀的回路中进行充电。对于换流阀已设计定型，或者因为成本等因素，功率模块采用了不具备失效短路模式的 IGBT 器件，如塑封式 IG-BT，则需要采取适当的软件策略来规避风险。由于 D 类和 E 类"黑模块"在解锁之后产生，产生危害的概率较小，B 类（充电前功率模块至阀级控制器的上行光纤故障）与 C 类"黑模块"对外表现完全一致的特性，因此从保护阀的安全角度考虑，在起动充电环节将 B、C 类与 A 类"黑模块"进行识别区分是软件策略的关键。鲁西柔直工程中，提出了在阀控中植入软件策略，通过"功率模块比对"的方法，实现了 B、C 类与 A 类"黑模块"的可靠识别，保证阀的安全。

599. 产生"黑模块"后的应对策略是什么？

产生"黑模块"后的应对策略主要有两种：一是采用可靠旁路设计。一次设计时采用具有失效短路模式的 IGBT 器件，或者采取附加元件使功率模块在故障后呈现可靠短路状态，同时提高功率模块的质量，是"黑模块"问题的根本解决方向。二是优化起动复电流程。考虑进一步明确"备用"转"闭锁"的操作流程：当现场操作"闭锁"的过程中发现存在"黑模块"，可不待调度令，直接退回"备用"状态，在转为接地状态完成"黑模块"更换处置后，重新由"备用"转"闭锁"操作，即现场"备用"转"闭锁"的操作流程包括闭锁状态下"黑模块"的处置工作，操作过程中不需再行许可。

600. 什么是黑起动？

所谓黑起动，是指整个系统因故障停运后，系统全部停电（不排除孤立小电网仍维持运行），处于全"黑"状态，不依赖别的网络帮助，通过系统中具有自起动能力的发电机组或柔性直流输电系统起动，带动无自起动能力的发电机组，逐渐扩大系统的恢复范围，最终实现整个系统的恢复。

601. 鲁西直流工程用于黑起动的地理优势是什么？

从地理来看，鲁西背靠背柔性直流系统的两侧分别连接异步运行后的云南电网和南方电网主网，两侧电网同时发生大停电的概率很小。此外，两侧近区均有大容量电厂接入，可作为重要的第二批起动电源协助电网恢复。因此，在南方电网主网或云南电网一侧黑起动初期，可通过鲁西柔性直流系统快速恢复无源侧近区电网、起动近区电厂，加快电网恢复及稳定的速度。

602. 鲁西直流工程用于黑起动的技术优势是什么？

从技术条件看，鲁西柔性直流系统可以通过单侧有功控制和两侧协调控制策略，进行有功潮流自动反转，从而实现黑起动方向的灵活变化。在起动过程中，鲁西柔性直流系统无换相失败问题，可向无源系统供电，可以有效地降低受端系统黑起动初期的有功功率冲击和频率失稳风险；且可以动态补偿交流系统无功功率以稳定交流母线电压，有效地降低受端系统黑起动初期的无功功率冲击和交流过电压风险。

603. 鲁西柔性直流黑起动至解锁的操作步骤是什么？

鲁西柔性直流单元一侧由于故障发生大停电后，另一侧换流器也将停运。这种情况下，停电侧无交流电源对子模块电容自主充电，因此需要有源侧交流源同时向两侧换流器充电。

黑起动模式下，柔直系统一站与交流系统相连，一站失去交流系统仅带少量负荷，无交流系统侧称之为黑起动侧。与交流系统相连的站中，有功类控制运行在控直流电压模式（V_{dc}）上，无功类控制可选择定无功功率控制或稳态调压控制。黑起动侧运行在电压频率控制模式上（VF 控制）。黑起动模式备用到解锁的流程是：投联接变压器冷却器→合阀侧断路器→自主充电→阀控充电正常→合起动回路旁路刀开关（此时处于闭锁状态）→解锁→建立标准交流电压→合串上断路器。

604. 什么是 OLT 运行方式？

OLT 即为线路开路试验运行方式，用于测试直流场在较长一段时间的停运后的绝缘水平，根据设定直流电压目标值，线性提升直流电压。常规直流整流侧产生正极性的直流电压，而逆变侧产生反向的直流电压。柔性直流整流侧与逆变侧产生正向的直流电压。

第二节　运行监视与操作

605. 柔性直流换流站日常监盘主要包括哪些界面？

运行监视人员应重点对以下项目进行监视，每 4 小时对各个界面进行确认：SER 界面、系统总图、交流场界面、换流单元分图、柔直阀控界面、阀冷系统界面、站用电界面、图像监控系统等。

606. 柔性直流换流站的运行操作有哪些要求？

柔性直流换流站的运行操作要求如下：

1）运行值班员接受上级调度机构值班调度员的调度命令，并对执行调度命令的正确性负责。

2）运行值班员在接受调度命令时，如认为该调度命令不正确，应立即向发布该调度命令的值班调度员报告，当发布该调度命令的值班调度员重复该命令时，受令人必须迅速执行。如执行该命令确实危及人身、设备安全时，受令人应拒绝执行，同时将拒绝执行的理由及改正命令内容的建议报告发布给值班调度员和本单位主管领导。

3）运行值班员在遇到危及人身、设备安全的紧急情况时，可根据现场规程规定先行处理，处理后应立即报告值班调度员。

4）正常情况下，应尽可能地避免在交接班期间进行操作。如在交接班期间必须进行操作时，应推迟交接班或操作告一段落后再进行交接班。

5）一、二次设备操作前，值班调度员和待接收调度命令的运行值班员应相互核实一、二次设备状态。

6）一次设备送电操作前，值班调度员应核实现场工作任务已结束，作业人员已全部撤离，现场所有临时措施已拆除，现场自行操作的接地刀开关已全部拉开，该设备的保护装置已正常投入，具备送电条件。

7）操作过程中发生异常或故障，运行值班员应根据现场规程处置并尽快汇报值班调度员。

8）调度操作命令下达分为电话发令和专业信息系统发令两种方式。通过专业信息系统下达的调度命令，运行值班员应在 15 分钟内对命令进行确认回复。

607. 柔性直流换流站交接班时应检查哪些项目？

柔性直流换流站交接班时应开展如下检查：工作站检查、功率曲线核对、二次设备操作检查、钥匙检查、资料室 7S 检查（工器具及文件夹、办公用品）、主控室 7S 检查、录音系统检查、网络安全检查、运行记录检查、现场一二次设备和安全措施变更、新增或消除缺陷检查等。

608. 柔性直流控制系统运行中应注意哪些规定？

柔性直流控制系统运行中应注意的事项如下：

1）柔性直流单元控制系统 A、B 系统中处于"运行"的系统故障后，检查"备用"系统是否已正确切换至"运行"状态，并立即联系检修人员处理。

2）直流系统正常运行时，联接变压器分接头控制模式应在自动模式，禁止切换到手动模式。

3）运行中不允许随意拆装装置，插拔插件；不可以随意操作面板。

4）运行中不可以随意进行硬件测试、参数和配置等对装置重要运行参数的修改操作，以免造成装置的不正确动作或影响其整体性能。

5）运行中禁止随意开出传动、更改参数和配置、更改装置地址。

6）控制定值对控制系统起着至关重要的作用，本工程中，用户不能通过监控后台对控制定值进行整定和修改。

7）单元控制系统的软件修改，应按照公司的软件管理规程执行。

8）单元控制系统更换板卡后与检修人员核实是否需要核对单元控制定值。

9）对控制系统内的设备进行断电重启时，应将该套系统切至"试验"状态，断开/关闭设备自身的电源，不得断开屏柜进线电源。

10）为防止误出口，在进行控制系统断电重启操作时，应将控制系统的出口压板退出。

609. 柔性直流保护系统运行中应注意哪些规定？

柔性直流保护系统运行中应注意的事项如下：

1）鲁西换流站柔性直流单元保护由总调负责整定。总调整定范围内的继电保护装置的逻辑、参数、软件版本及定制修改等，必须征得总调同意。

2）运行中的保护装置如需更改保护整定值，必须在向调度申请停用该保护后进行。

3）继电保护装置出现异常、告警、跳闸后，运行值班员应立即核实相关保护动作信号及有关情况，核实后向总调值班调度员汇报，并通知继电保护人员处理。

4）对继电保护装置压板进行操作后，需在保护装置内检查压板功能确已正常投入或退出。

5）运行中的保护装置因故障需要掉电重启时，应先退出相关保护压板，再断开装置的工作电源。

6）继电保护装置应按规定投运，任何设备不允许无保护运行。

7）保护装置运行时确保空气的温湿度、干净度适宜，系统正常运行时不得插拔或弯折屏内光纤。

8）巡检保护装置系统时，应注意屏内各插件指示灯的情况，当插件指示灯出现异常时，应结合指示灯信息进行异常处理。

9）运行人员对保护装置及其二次回路进行定期巡视，但不得自行对保护装置进行投、退操作和更改保护定值。

10）保护装置在面板上进行操作后，将装置菜单返回到正常运行位置。

11）保护装置发生故障时，应及时汇报调度，联系处理，如可能引起保护误动时，应立即向调度申请退出保护。若需退出保护装置进行检验时，必须经调度批准。

12）站内二次设备故障而导致一次设备跳闸，可以实施隔离的（如退出误动的保护装置等），立即申请退出故障的二次设备并恢复主设备运行。

13）如保护直流电源消失告警，应立即检查直流电源回路，若该直流电源确已消失，应联系调度将与该直流电源相关的保护停用。

14）当电压回路断线和失压时，应退出带有该电压回路的可能误动的保护装置。及时汇报调度，并迅速联系保护人员进行处理，恢复电压回路正常。

15）当保护装置发生内部故障需要掉电重启时，必须先经调度同意，并将保护出口压板全部退出后才允许掉电重启。保护装置经掉电重启恢复正常后，必须经调度同意方可投入运行。

▶ 610. 柔性直流起动电阻运行中应注意哪些规定？

柔性直流起动电阻运行中应注意的事项如下：

1）起动电阻应满足不同的起动要求，包括一端交流电源对本端换流器功率模块电容充电和一端交流电源对两端换流器功率模块电容同时充电。

2）在系统起动时，起动回路隔离开关断开，将起动电阻接入系统进行充电，起动结束后由隔离开关对起动电阻进行旁路。

3）起动电阻应满足 15MJ 冲击能量后流过持续 10min 有效值为 2A 的电流，并连续 5 次每隔 30min 可重新运行。

4）电阻器的金属框架与电阻器的中心点相连，电阻器内的所有金属件均有固定电位。

▶ 611. 柔直换流阀运行中应注意哪些规定？

柔直换流阀运行中应注意的事项如下：

1）正常运行时，禁止在阀控系统中登录有操作权限的用户名和密码进行任何保护定值、参数、旁路单元的修改或者操作。

2）换流阀的运行状态在换流器控制系统的工控机上可以查看，通过查看工控机上的相关信号，及时判断换流阀控制系统的工作状态。

3）光纤分配屏掉电后或者故障后，要将全部光纤分配屏全部掉电，换流阀控制系统也要掉电，并且先重启光纤分配屏，再重启换流阀控制屏。

4）脉冲分配柜扩展板与阀控柜运算板存在通信故障时，阀控制器判断到运算板通信故障，通信故障告警会以报文的形式在阀控柜监控界面显示，阀控系统会切换到备用系统，以保持系统稳定运行。

612. 柔性直流换流站的辅助设备包括哪些？

柔性直流换流站的辅助设备包括：阀厅空调器系统、环境和视频监控系统、在线监测系统、给排水系统、消防系统等。阀厅空调器是作为调节和维护阀厅内设备运行温度、湿度和空气洁净度的唯一手段，其设计的好坏直接关系到设备的安全运行，由于电压等级的升高，为了保证阀厅内设备不发生放电闪络，需要保持足够的空气净距，同时空气的温度、湿度和洁净度需要保持在一定的范围内。

鲁西在线状态监测系统的范围包括换流变压器、联接变压器、高压站用变压器、降压变压器、平波电抗器和高抗油色谱在线监测，以及云南侧、广西侧 GIS 和柔性直流换流单元阀侧进线 HGIS 的 SF_6 气体密度、温度、微水在线监测。在线状态监测系统的告警信号以硬接线方式与换流站计算机监控系统通信，并通过综合数据网设备将在线监测系统数据送至上一级监控中心。

环境和视频监控系统由站内监控工作站、RPU、视频监控设备、环境信息采集设备、网络设备、电子围栏等组成，实现对站端现场视频及各种环境信息的采集、处理、监控等功能，同时实现换流站安全警卫的要求。

第三节　故障处置

613. 鲁西柔直故障处置的一般原则是什么？

鲁西柔直故障处置的一般原则为：尽快限制事故扩大，解除人身和设备的危险；尽快恢复站用电电源；及时处理设备故障，尽快恢复设备送电，处理事故时严防误操作；故障发生后，应根据计算机、表计、保护、报警信号、自动装置动作情况，进行全面地分析，做出正确的处理方案，处理中应特别注意防止非同期并列和系统事故的扩大；故障发生的时间、原因、主要操作、保护自动装置动作、系统运行方式的变化、潮流情况及主要处理过程等必须记录清楚、详细真实，并及时汇报主管领导和调度。

614. 鲁西柔直故障处置的一般流程是什么？

鲁西柔直故障处置的一般流程可以概括为：及时记录、迅速检查、简明汇报、认真分析、准确判断、隔离故障、限制发展、排除故障、恢复供电、整理资料。

▶ 615. 鲁西柔直换流阀的常见故障处置策略是什么？

功率模块旁路：对于零散性、非集中性功率模块旁路，可待年度检修时进行集中处理。若起动后或运行过程中功率模块产生密集旁路现象，特别是集中于单个桥臂的旁路，应立即采取必要措施降低运行功率或停运系统。

频繁触发暂态调压：正常情况下，暂态调压功能在系统扰动时起动，在系统扰动恢复后及时退出。如果出现暂态调压频繁投入退出的情况，会因为换流器输出无功导致系统电压的波动，此时应通过压板方式及时退出暂态调压功能。

柔性直流与弱交流系统谐波谐振：如果判定为谐波谐振产生，应立即投入站内可行的无源或有源的抑制措施。考虑到谐波谐振的产生与柔性直流系统当前的功率水平无直接的关系，因此在上述措施无法对谐波谐振进行抑制后，应尽快停运柔性直流，避免谐波谐振的扩大。

▶ 616. 鲁西柔直换流阀功率模块故障处置步骤是什么？

鲁西柔直换流阀功率模块故障处置步骤如下：

1）通过后台遥信遥测界面检查子模块旁路是否正常旁路。

2）通过阀控上位机检查故障模块的故障类型。

3）检查子模块的故障数量是否达到冗余值，及时记录子模块的故障数量并将子模块的故障数量汇报给站领导。

4）当某一个桥臂子模块旁路数量接近冗余数量时（云南侧荣信换流阀旁路个数达到 20 个时，系统会发出告警，广西侧西电换流阀旁路个数达到 28 个时，系统会发出告警），应立即填报重大缺陷，按照重大缺陷流程处理。

5）当云南侧某一个桥臂子模块旁路数量达到 22 个时，广西侧某一个桥臂子模块旁路数量达到 25 个时，应立即填报紧急缺陷，并按照紧急缺陷流程处理。

▶ 617. 鲁西柔直阀塔冒烟着火的处置步骤是什么？

鲁西柔直阀塔冒烟着火的处置步骤如下：

1）通过图像监控系统确认阀厅内阀塔确已着火，立即手动起动柔性直流单元 ESOF。

2）复归声光信号并拨打 119 火警电话，告知着火设备需用气体及干粉进行灭火。

3）确认柔性直流单元两端已退至备用状态。

4）确认阀厅空调器系统已自动停运，若未停运，应及时停运阀厅空调器系统。

5）立即将柔性直流单元两端操作到接地状态。

6）派人到站门口迎接消防车辆，配合消防队迅速到达起火位置，组织灭火。

7）灭火完毕手动打开排烟风机及排烟防火阀（常闭）排烟，同时可开启空气处理机组内的送风机将室外新风送入阀厅内，停止消防泵和柴油泵。

8）记录并复归火警信号。

9）配合消防部门做好相关事故调查工作。

10）及时将现场情况汇报给相关领导和调度。

▶ 618. 鲁西柔直换流阀控制系统 A/B 屏闭锁和告警的处置步骤是什么？

鲁西柔直换流阀控制系统 A/B 屏闭锁的处理步骤为：在故障情况下为了保护阀组单元和设备安全，阀控系统会紧急闭锁换流阀并发出跳闸命令跳开交流断路器以保护换流阀的安全。暂时性闭锁也会导致运行中的换流阀紧急闭锁，但整个阀控系统处于待解锁状态，功率单元电容电压处于保持状态等待暂时性故障清除后重新快速进入解锁状态。

告警的处理步骤为：为了便于发现和监控换流阀以及阀控器的工作状态，阀控监控系统能够提前提醒告知运行人员一些潜在的危险信息，阀控告警信息会实时监测更新在监控界面，引起运行人员的重视但不会影响整个阀控系统的正常运行，告警处理运行人员可根据阀控系统当前的具体情况酌情处理。

▶ 619. 鲁西柔直阀控制系统与其他系统通信中断的处置步骤是什么？

如果设备具有冗余功能，且备用系统工作在"STANDBY"状态，则控制系统会自动切换到备用系统。如果是严重的通信故障，并且不具备冗余切换时，会导致阀控系统发出紧急闭锁跳闸命令。待故障排除后，再恢复系统的运行。

▶ 620. 鲁西柔直阀控制系统脉冲分配屏装置报警和闭锁的处置步骤是什么？

脉冲板接收到装置控制的数据后，根据每个子模块的情况处理完数据后将调制波和控制指令发送给子模块单元。同时接受子模块单元反馈的直流电压和单元状态。出于对阀组功率单元的保护和不影响系统正常运行在脉冲板发生通信故障时，此脉冲板所控制的功率单元都会被强制为旁路状态，阀控制器以报文提示和脉冲板通信故障，并把此脉冲板的旁路单元号反馈到阀控监控界面。

▶ 621. 鲁西柔直换流阀控制系统 A/B 屏上位机死机或黑屏故障的处置步骤是什么？

立即使用上位机开机键进行重启，单击桌面"西电"红色快捷图标运行阀控监视和控制程序。如果两套阀控上位机同时故障超过10min，会导致阀控系统发出紧急闭锁跳闸命令。

622. 鲁西柔直阀塔漏水故障的处置步骤是什么？

处置步骤如下：

1）检查阀控系统，确认漏水告警阀段。

2）通过图像监控系统观察漏水阀塔底部是否有积水痕迹。

3）密切关注相应阀冷系统的运行情况，特别是膨胀箱的水位变化情况，核实确有漏水，应立即通知检修人员，汇报调度及值班站长，及时申请停运。

623. 鲁西柔直冷却系统漏水的处置步骤是什么？

鲁西柔直冷却系统漏水的处置步骤如下：

1）工作站发相关漏水告警信号时，查看工作站阀冷却控制界面，同时检查膨胀罐液位，确定告警信号后，向值班负责人汇报情况。

2）现场发现漏水时，立即将情况汇报给值班负责人。

3）密切监视膨胀罐液位，如发现膨胀罐液位快速下降并且液位接近跳闸值5%时，立即向调度申请停运直流单元的相应侧。

4）密切监视原水箱液位，确保原水箱内液位充足，必要时向原水箱内补充蒸馏水或纯净水，并检查补水泵的工作情况，确保补水泵能正常起动。

5）主循环泵漏水，应手动切换至备用泵，若故障泵停运后仍漏水则关闭故障泵进出水阀门，并进行检修处理。

6）喷淋泵漏水，应手动切换至备用泵，若故障泵停运后仍漏水则关闭故障泵进出水阀门，并进行检修处理。

7）管道连接处漏水，首先应拧紧连接处螺栓，若还有渗漏，则进行检修处理。

8）阀厅内塑料软管处漏水，应向调度申请停运直流且进行检修处理。

9）待液位恢复正常后，在阀冷控制屏上将故障信号复归。

624. 鲁西柔直阀冷却系统中缓冲水池液位低的处置步骤是什么？

鲁西柔直阀冷却系统中缓冲水池液位低的处置步骤如下：

1）SER 发出缓冲水池液位低告警信号，应迅速到相应缓冲水池，打开水池盖板，检查液位。

2）若液位正常，对缓冲水池液位传感器检查处理。

3）若液位仍大于10%，则迅速关闭所有喷淋水泄流阀门，检查工业泵运行是否正常，并在阀冷控制系统面板上手动进行补水。

4）若液位低于10%，则迅速通过就近的消防栓对缓冲水池进行补水，补水期间应密切关注消防泵的运行情况。

5）密切监视相应阀塔内冷水进出水的温度情况，当进阀温度达到37℃（广西侧：42.7℃）并有继续上升的趋势时向调度申请降负荷，达到 39℃（广西侧：44℃）并有继续上升的趋势时应申请紧急停运。

6）检查自动过滤器是否阻塞，如果阻塞则打开 V708 阀门，关闭 V709、V710 阀门，并进行检修处理。

7）检查软化装置是否阻塞，如果阻塞则打开 V717、V723 阀门，关闭 V715、V721 阀门，并进行检修处理。

8）检查工业水泵出水压力，若全部工业水泵出水压力均低，工业泵故障不能补水时，应立即使用靠近外冷水池的消防栓对外冷水池进行补水，并进行检修处理。

9）待液位恢复正常后，在阀冷控制屏上将故障信号复归。

▶ 625. 鲁西柔直阀冷却系统缓冲水池液位高的处置步骤是什么？

鲁西柔直阀冷却系统缓冲水池液位高的处置步骤为：

1）SER 发出缓冲水池液位高告警信号，运行人员应迅速到相应缓冲水池，打开水池盖板，检查液位。

2）若液位正常，则对缓冲水池液位传感器进行检查处理。

3）若液位确实很高，则检查缓冲水池补水阀门 V701 是否已关闭，若未关闭则迅速关闭该阀门，检查工业水泵是否已停运，若未停运则手动停止运行的工业泵。

4）待液位恢复正常后，在阀冷控制屏上将故障信号复归。

▶ 626. 鲁西柔直阀塔进出水压差高的处置步骤是什么？

鲁西柔直阀塔进出水压差高的处置步骤为：

1）检查阀塔进出水压差表计，判断哪一个阀塔压差偏高。

2）对该阀塔进行测温和管道漏水检查。

3）若发现温度异常，则应向调度申请停运相应极，并通知检修人员处理。

4）若发现漏水则按照漏水处理方法进行处理。

5）若未发现异常，则应加强监视，并进行检修处理。

▶ 627. 鲁西柔直阀冷系统主水电导率高的处置步骤是什么？

主水路电导率高，首先检查离子交换器的出口电导率，如果其电导率等于或接近主水管冷却水的电导率，则应通知检修人员及时更换离子交换器树脂。

▶ 628. 鲁西柔直阀冷控制系统交流电源小开关的故障处置步骤是什么？

鲁西柔直阀冷控制系统交流电源小开关的故障处理步骤如下：

1）检查电源小开关是否已跳开，低压继电器是否已正确动作，并已正常切换到另一回路供电。

2）检查主循环泵、电风扇、喷林泵、相关运行参数是否运行正常。

3）现场检查控制屏内的电源小开关位置是否正常。

4）检查电源小开关或回路电缆是否存在明显烧焦、烧煳的味道或现象，如无，则经过评估后可手动试合该电源小开关。

5）通知检修人员尽快进行检查处理，找出故障原因。

629. 哪些情况下鲁西柔直联接变压器应立即停运？

鲁西柔直联接变压器有下列情况之一者应立即停运：

1）声响明显增大，内部有爆裂声。

2）严重漏油或喷油，使油面下降到低于油位计的指示限度。

3）套管有严重的破损和放电现象。

4）冒烟着火。

5）变压器附近的设备着火、爆炸，对变压器构成严重威胁。

630. 鲁西柔直联接变压器差动保护动作的处置步骤是什么？

鲁西柔直联接变压器差动保护动作的处置步骤如下：

1）检查差动保护范围内的一次设备有无明显故障，联接变压器差动速断保护、比率差动保护动作，应检查从交流侧进线两个开关 CT 到阀侧套管 CT 间的设备。

2）检查保护、稳控装置的动作情况，打印故障跳闸报告，查看录波波形，查看定值，检查 SER 信号，判断保护是否误动。

3）通知检修人员取油样，化验分析。

4）联接变压器不允许无差动保护运行。

5）证明联接变压器内部无故障，经单位分管生产领导及调度同意后试送。

631. 鲁西柔直联接变压器本体、有载分接开关压力释放阀动作的处置步骤是什么？

处置步骤如下：

1）本体、有载分接开关压力释放阀动作，检查是否存在人身风险，着火存在事故扩大的风险。

2）若本体压力释放阀动作，现场检查防爆管是否喷油，有载分接开关压力释放阀动作应检查联接变压器本体分接开关处是否有油流。

3）若喷油，应向调度申请，将联接变压器转检修，开展检查处理。

4）若未喷油，应进行检查处理。

5）未发现明显故障，经单位分管生产领导批准后，向调度申请，可恢复送电，送电前手动复归压力释放阀。

632. 鲁西柔直联接变压器冷却器故障的处置步骤是什么？

鲁西柔直联接变压器冷却器故障的处置步骤如下：

1）检查冷却系统电源是否正常，如电源小开关跳闸，可先测量回路电压是否正常，红外测温是否过高，若正常可试合一次，试合不成功，不再试合，联系尽快恢复电源正常。

2）若电源正常，检查冷却系统控制回路。

3）若冷却系统不能恢复正常运行且温度不断上升时，应向调度申请降低柔直输送功率，必要时申请停运柔性直流单元。

633. 鲁西柔直联接变压器油位缓慢下降的处置步骤是什么？

鲁西柔直联接变压器油位缓慢下降的处置步骤如下：

1）油位缓慢下降时，若发现设备漏油，应立即进行检查处理。

2）补油时，应退出重瓦斯保护。

3）因大量漏油而使油位迅速下降时，禁止停用重瓦斯保护，采取停止漏油的措施，并联系调度停电处理。

4）若未发现漏油，应用红外测温仪检查储油柜油位是否正常。

634. 鲁西柔直联接变压器分接开关故障的处置步骤是什么？

鲁西柔直联接变压器分接开关故障的处置步骤如下：

1）工作站出现"调压开关步进停止""电动机保护开关脱扣"等信号，应立即停止自动控制曲线的调整，退出自动控制曲线功能。

2）如果现场检查发现分接开关三相不一致，运行人员在界面手动或者现场电动调节三相分接开关一致，同时进行检查处理。

3）机构不能电动操作，机构卡停，应向调度申请停电处理。

4）如果运行期间电动机保护开关跳闸，断开联接变压器分接开关控制箱上有载开关机构箱控制回路电源，然后合上有载开关机构箱电动机电源，最后合上有载开关机构箱控制回路电源，若试合不成功，则将情况立即汇报值长，值长立即安排值班员汇报调度及站部领导，并检查处置。

5）故障处理完毕，值长安排值班员汇报调度，并向调度申请恢复功率调整功能。

635. 鲁西柔直联接变压器油温高的处置步骤是什么？

鲁西柔直联接变压器油温高的处置步骤如下：

1）检查联接变压器是否过负荷，三相负荷是否平衡。

2）检查工作站上的温度与现场温度表计的温度是否一致。

3）用红外检测仪检测联接变压器的本体温度是否正常。

4）检查联接变压器冷却系统工作是否正常，现场冷却器工作是否正常，电风扇或者油泵是否退出运行。

5）检查冷却系统的控制电源小开关是否跳开，若跳开，在检查电源回路无明显故障点时，可以试合控制电源小开关，使冷却器正常运行。

6）如果油温仍然继续上升，则应立即将联接变压器停运。

636. 鲁西柔直联接变压器着火的处置步骤是什么？

鲁西柔直联接变压器着火的处置步骤如下：

1）迅速通过图像监控系统及现场远处检查联接变压器，确认火灾报警是否属实，若现场检查未发现火情，应复归告警信号，并检查处理。

2）若火灾报警属实，立即拨打119或者消防队火警电话，报告火情、着火地点，着火物质为油类着火，留下联系电话，请求公安消防部门增援。

3）迅速检查判明联接变压器保护是否正确动作，如联接变压器未停电，立即停运柔直系统，并马上断开交流电源，停运冷却器，防止火势蔓延。

4）检查消防系统是否自动起动喷水，如联接变压器消防系统未能自动起动喷水，立即手动起动喷淋水系统，同时检查消防电动泵是否起动，未起动则手动起动消防电动泵，保证灭火效果。

5）安排人员疏通消防处进入通道，到换流站大门处迎接消防人员。

6）及时将现场情况汇报调度和单位分管生产领导。

637. 鲁西柔性直流单元控制系统的故障分级及故障处置步骤是什么？

鲁西柔性直流单元控制系统的故障等级定义为轻微故障、严重故障和紧急故障。其中，轻微故障是不会对正常功率输送产生危害的故障，因此轻微故障不会引起任何控制功能的不可用。发生严重故障的系统在另一系统可用的情况下退出运行，若另一系统不可用，则该系统还可以继续维持运行。发生紧急故障的系统将无法继续控制系统的正常运行。

638. 鲁西柔性直流单元控制系统紧急故障后的切换逻辑是怎样的？

鲁西柔性直流单元控制系统紧急故障后的切换逻辑为：当 ACTIVE 系统发生紧急故障时，如果另一系统处于 STANDBY 状态，则系统切换，先前的 ACTIVE 系统进入 OFF 状态，等待检修；当 ACTIVE 系统发生紧急故障时，如果另一系统不可用，则闭锁功能，跳断路器；当 STANDBY 系统发生紧急故障时，STANDBY 系统退出 STANDBY 状态，进入 OFF 状态，等待检修。

▶ **639. 鲁西柔性直流单元控制系统元件故障告警的处置步骤是什么?**

鲁西柔性直流单元控制系统元件故障告警的处理步骤为:

1）在站网结构中检查柔性直流单元控制系统是否切换成功，有一套在正常运行。

2）现场检查柔性直流单元控制主机及板卡是否正常运行、板卡间连接线是否整齐无脱落、小开关是否在适当位置、端子接线是否牢固无松动等情况。

3）查看软件追溯故障根源。

4）进行系统重启或者停电检修。

▶ **640. 鲁西柔直两套直流站控系统同时故障时的处理步骤是什么?**

鲁西柔直两套直流站控系统同时故障的处理步骤为:

1）向总调等汇报，停止功率调整等操作。

2）检查直流电压、电流、控制模式等是否有异常现象。

3）现场检查屏柜指示灯是否熄灭、控制主机电源是否正常、板卡指示灯是否正常、板卡间的连接线是否整齐无脱落、小开关是否在适当位置、端子接线是否牢固无松动等情况，如能恢复一套系统的运行，则立即恢复运行。

4）进行检修处理。

第四节　设备运行维护

▶ **641. 什么是差异化运维?**

在设备状态评价的基础上，综合设备健康状态、设备发生故障可能造成的事件后果、设备自身价值、对重要用户供电的影响等因素对设备管控等级进行划分，对不同管控等级设备从运维项目和周期两个维度采取不同的运维策略，包含周期性开展的日常巡维、专业巡维，非周期性触发的动态巡维、停电维护。

▶ **642. 日常巡维主要开展什么工作?**

日常巡维过程中需对设备开展检查、试验、维护工作。对应《电力设备检修试验规程》中的 C1 检修。

▶ **643. 专业巡维主要开展什么工作?**

专业巡维是指针对设备管控等级为Ⅰ、Ⅱ级的设备，由熟悉设备的专业人员按规定的周期和内容开展的设备巡维、带电检测等工作。对应《电力设备检修试验规程》中的 C2 检修。

644. 动态巡维主要开展什么工作？

动态巡维是指受电网风险、气象及环境变化、专项工作等动态条件触发，按规定内容开展的设备巡视、测试、维护工作。对应《电力设备检修试验规程》中的C2检修。

645. 停电维护主要开展什么工作？

停电维护是指结合设备停电按规定内容开展的专项检查、维护等工作。不包括周期性的停电检修工作及缺陷、异常处理。

646. 设备差异化运维工作的流程是什么？

设备差异化运维工作应严格按照开展状态评价、风险评估、设备定级、管控策略制定、工作计划制定、绩效评估六个步骤开展，预控设备运行风险，提高设备健康水平。

647. 如何确定设备的管控级别？

根据设备的健康度和重要度，进行设备风险评估，确定设备的管控级别。Ⅰ、Ⅱ级设备提高运维标准，缩短巡维周期，增加巡视项目；并开展专业巡维，由熟悉设备的专业人员负责定期开展设备巡视、带电检查及缺陷处理。Ⅲ级设备运维标准按现有设备的运维规章制度执行，保持巡视周期、巡视项目不变。Ⅳ级设备的运维周期可延长，运维项目按现有的规章制度执行。差异化运维级别矩阵如图11-1所示。

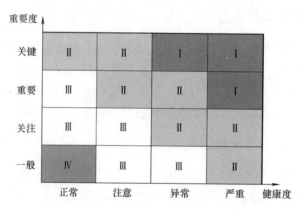

图 11-1 差异化运维级别矩阵

648. 鲁西柔直换流阀有哪些巡视要求？

鲁西柔直换流阀应对如下设备开展巡视：整体、冷却水管、功率模块、光CT、避雷器、穿墙套管、在线红外监测系统等。

649. 鲁西柔直换流阀的运行监视有哪些注意事项？

鲁西柔直换流阀运行监视的注意事项如下：

1）做好直流系统运行状态变化的记录。柔性直流运行方式多样，系统运行状态变化的详细记录将是进行运行可靠性统计的基础，也是对系统运行整体评价的基础。

2）做好故障模块及"黑模块"的监视分析。对功率模块故障情况做好记录分析有助于整体评估换流阀运行状态、提前发现整体性缺陷，也有助于开展供应商评价和技术迭代，其中应对影响较大的"黑模块"故障进行着重记录和分析。

3）加强桥臂电流测量通道的状态监测。电压源型换流器采用的 IGBT 器件相比于常规直流所用的晶闸管器件耐冲击电流能力较弱，因此用于换流阀保护的桥臂电流测量通道极为重要。桥臂电流不参与换流器级等上层控制，通道异常后通常无法在系统级电气量上有所体现，对运行人员及时发现带来难度。

4）做好谐波谐振监视工作。柔直换流阀与交流系统产生谐波的机理、危害和抑制措施都有待继续深入研究，因此当前阶段对谐波谐振的监视应是柔性直流运行中的常规工作之一。监视的手段建议为站里谐波监视仪器等自动手段为主，人工监视手段为辅。

650. 鲁西柔直换流阀的运行维护中有哪些注意事项？

加强阀控装置运行状态监测和检修维护。模块化多电平拓扑带来的大量功率模块监视控制和换流阀过电压过电流保护等功能均由阀控来实现，相比于常规直流更为复杂和重要。以往工程统计表明，阀控装置问题在闭锁事件中占有较高的比例。

应尽量避免电压源型换流阀频繁起停。模块化多电平换流器采用自取能设计，起停过程中避免会导致二次系统的失电以及重新上电起动过程，工程实践表明此过程中换流阀及功率模块的故障率会远高于稳态运行。应利用柔性直流最小允许运行功率较常规直流低的特点，在非必要的情况下尽量降低换流阀和系统的起停次数。

651. 柔直换流阀子模块有哪些故障监测项目？

系统运行期间，子模块的故障监测项目分为两种情况：系统解锁前子模块的故障状态比对和系统解锁后子模块的故障状态记录。在系统解锁前，阀控系统应将当前的子模块状态与换流阀监控系统内保存的子模块故障状态进行比较，如果不一致，则不允许解锁。系统解锁后进入运行状态，如果子模块报出故障，则记录故障状态，便于后期维护。

652. 鲁西柔性直流测量装置有哪些巡视及维护项目？

鲁西柔性直流测量装置的巡视维护要点包括：红外测温、紫外巡视、金属部件检查、接地扁铁、绝缘支柱检查、运行声响检查、SF₆气体泄漏检查、后台数据检查等。直流停电检修复电后，需触发工作站录波系统，检查直流测量设备数据运行正常。

653. 鲁西柔直换流阀冷却系统运行中应注意哪些规定？

鲁西柔直换流阀冷却系统运行中应注意的事项如下：

1）每次站用电系统切换前，应检查切换段母线所带主泵是否运行，并检查备用泵是否可用，切换后应立即检查主泵是否切换正常，阀冷系统运行正常。

2）日常巡视时应检查内冷水原水箱水位不低于30%，若低于30%应及时起动原水泵补水，站内要保证有足够的去离子备用水。

3）外冷水系统冷却塔投入运行前，应检查内冷水的进、出水阀门在打开位置，冷却塔风扇的电源小开关在合上位置，大修过后或首次投入的风扇，在投运后，应检查风扇的转向和转速是否正常。

4）直流系统操作至闭锁状态前，应检查喷淋泵进、出水阀门在打开位置，电源小开关在合上位置，喷淋泵起动后应检查喷淋泵出水压力是否正常。

654. 鲁西柔性直流控制保护系统有哪些巡视及维护项目？

鲁西柔性直流控制保护系统巡视维护要点包括：屏柜检查、面板检查、板卡检查、空开检查、压板检查、转换把手检查等。

655. 鲁西柔直联接变压器有哪些巡视项目？

鲁西柔直联接变压器应开展如下巡视：本体（外观检查、渗漏油检查、声响和振动检查、温度检查、铁心接地检查、红外测温）冷却系统（运行状况、渗漏油及散热情况检查）、套管（外观检查、渗漏油检查、红外测温）、呼吸器、分接开关、就地控制箱、换流变压器色谱在线监测系统等。

656. 鲁西柔直联接变压器投运、新改扩建后的巡视要求是怎样的？

联接变压器投运前，值班人员应检查确认变压器的状态良好，保护装置投入正常，外部无异物，临时接地线已拆除，分接开关档位正确，阀门位置正确，具备带电运行条件。新装、大修、事故检修或换油后的联接变压器，在施加电压前的静置时间不应少于72h。新建、扩改建或大修后的联接变压器，在带负荷后的一个月内应进行一次红外检测和诊断。

657. 鲁西柔直避雷器有哪些巡视项目？

鲁西柔直避雷器巡视项目包括：

1）瓷套管是否清洁，有无裂纹和放电痕迹，内部有无异声。

2）引线有无断股和烧伤现象，接头连接是否良好。

3）接地引下线是否牢固，有无锈蚀现象。

4）避雷器计数器是否良好，有无动作。

5）基架有无倾斜，断裂等现象。

6）雷雨时，不宜对户外避雷器进行巡视检查，雷雨过后应按上述要求进行检查。

658. 鲁西柔性直流单元在哪些情况下要开展复电后巡视？

鲁西柔性直流单元需要开展复电后的巡视的适应范围包括：

1）综合性停电检修：主要是涉及跨专业的、两个及以上班组同时工作，涉及CT、PT二次接线或回路变更、在控制保护系统等二次回路上的检修工作，如：新建、改扩建工程，复杂大修技改实施，直流单极或双极停电检修，线路间隔、变压器间隔、母线间隔等综合性年度停电检修等。

2）临时性停电检修：为配合单一设备，临时停电开展检修。如单套保护检修、直流临时检修、开关等一次设备单一检修等。

659. 鲁西柔性直流单元复电后巡视的项目包括哪些？

鲁西柔性直流单元复电后的巡视项目包括：

1）工作站运行数据检查。

2）电流、电压二次回路检查。

3）二次控制保护屏采集量检查。

4）装置运行检查。

5）直流光测量设备检查。

6）二次屏柜红外巡视。

7）一次设备巡视检查。

8）一次设备外观检查。

9）二次屏柜压板、把手投退检查。

10）一次设备拆接线的，应在设备运行24小时后，开展一次设备红外测温，在高负荷时开展一次红外跟踪。

660. 鲁西柔性直流单元需要开展的定期轮换试验有哪些？

鲁西柔性直流单元需要开展的定期轮换试验主要包括：控制保护系统定期轮换

试验［站控系统主备切换、ESOF 按钮试验、单元控制系统（阀控）主备切换试验］、阀冷系统定期轮换试验（阀冷系统主泵切换检查、阀冷系统喷淋泵切换检查、阀冷系统潜水泵起动试验、阀冷系统交流电源切换试验、阀冷系统控制器主备切换试验）、站用电及站用交直流定期轮换试验（换流变压器、联接变压器、平抗交流电源切换试验、事故照明试验、站用直流蓄电池连续带负荷试验、站用直流两段直流母线切换试验、站用直流备用充电机带负荷试验、站用直流充电机交流电源切换试验、10kV 备自投试验、400V 备自投试验、直流系统进线交流电源切换试验、UPS 主机旁路供电切换试验、UPS 电源切换试验）、冷却器起动试验（备用换流变压器、联接变压器、平抗等）、消防设备试验（消防试喷淋试验、消防联动信号试验）、空调器系统主备切换等。

第五节　设备检修试验

▶ 661. 检修工作的意义及分类是怎样的？

检修是指为保障设备的健康运行，对其进行检查、检测、维护和修理的工作，设备的检修分为 A，B，C 三类。A 类检修是指设备需要停电进行的整体检查、维修、更换、试验工作。B 类检修是指设备需要停电进行的局部检查、维修、更换、试验工作；需要停电或不停电进行周期性的试验工作。B1 检修是指设备需要停电进行的局部检查、维修、更换、试验工作。B2 检修是指设备需要停电或不停电进行的周期性试验工作。C 类检修是指设备不需要停电进行的检查、维修、更换、试验工作。C1 检修是指一般巡维，即日常巡视过程中需对设备开展的检查、试验、维护工作。C2 检修是指专业巡维和动态巡维，即特定条件下，针对设备开展的诊断性检查、特巡、维修、更换、试验工作。

▶ 662. 预防性试验的意义是什么？

为了发现运行中设备的隐患，预防发生事故或设备损坏，对设备进行的检查、试验或监测，也包括取油样或气样进行的试验。

▶ 663. 预试检修的工作目标是什么？

预试检修工作应以发现、消除隐患和缺陷为重点，恢复设备性能和延长设备使用寿命为目标，坚持"应试必试、试必试全，应修必修、修必修好"的原则，在充分开展综合状态评价的基础上，合理制定检修策略，实现由周期性检修逐步向状态检修过渡的目标。

664. 规范化检修的途径和措施是什么？

按照分层分级的原则，网公司负责编制一办法两规程，分子公司编写一型一册；各单位编制一物一册、作业指导书并落实执行。

665. 如何制定检修策略？

检修策略的制定是指在确定检修试验需求的基础上，根据设备运行的状态，确定每台设备检修试验的周期及项目，即明确每台设备何时修，如何修的过程。检修试验工作要坚持"应试必试、试必试全，应修必修、修必修好"的原则。"应"就是指要通过综合状态评价，全面准确地掌握设备的健康状态，根据设备状态评价的结果合理制定检修策略，明确设备检修试验的周期及项目，最终形成可执行的检修计划。

666. 如何根据设备状态来制定定期检修策略？

根据设备状态来制定的定期检修策略如下：

1）当设备综合状态评价为"严重状态"时，应根据状态评价的结果，以问题为导向，确定检修试验类型、内容及方案，尽快安排检修试验工作。实施前应加强设备巡视和监视。

2）当设备综合状态评价为"异常状态"时，应根据状态评价结果，以问题为导向，确定检修试验类型、内容及方案，适时安排检修试验工作（1年以内）。实施前应加强设备巡视和监视。

3）当设备综合状态评价为"注意状态"时，应首先考虑加强设备巡视和监视，检修试验周期不得超过基准周期。

4）当设备综合状态评价为"正常状态"时，其固定周期（基准周期）可酌情延长。

667. 鲁西柔直换流阀停运检修过程应注意哪些事项？

换流阀停运情况应做好阀厅温湿度和粉尘的控制，电压源型换流阀的每个功率模块均含有电压测量、信号收发、触发控制、旁路控制等二次功能，整个模块化多电平换流阀含有大量较为精密的电子元件和板卡。相比于运行状态，长期停运后反而可能会导致水汽凝结，带来元件失效率的升高，因此在换流阀停运时也应做好阀厅温湿度的控制，做好粉尘的控制。

668. 鲁西柔直换流阀及阀控系统有哪些检修试验项目？

鲁西柔直换流阀及阀控系统的检修试验项目包括：阀塔构件检查，阀塔水管检查，阀塔组件检查，阀厅温湿度抄录，红外巡视，阀塔压差抄录，紫外巡视，阀厅空调器滤网更换等；悬吊、支撑系统外观检查，悬吊陶瓷绝缘子检测，光纤槽外观检查，晶闸管单元外观检查，晶闸管单元力矩校验，阀设备及阀厅清扫，晶闸管单元污秒度测试，阳极电抗器外观检查，阳极电抗器螺栓校验，阳极电抗器综合评估，均压电容器外观检查，MSC/RPU/光纤外观检查，光纤测试，载流母线外观检查，载流母线螺栓检验，阀组件外罩及屏蔽层外观检查，阀组件外罩及屏蔽层水平度检查，均压电极外观检查，均压电极密封圈更换，阀塔漏水检测功能检查，阀塔冷却水管道外观检查，阀塔冷却水管道螺栓校验，阀塔冷却水管道管路排气检查，晶闸管监测单元清污，漏水检测装置功能试验，内冷水加压试验，阀避雷器监测装置动作信号功能试验，阀避雷器高压试验，阀片级触发试验及阻尼元件测试，阀组件均压试验，晶闸管耐压试验，晶闸管及监测单元综合评估，换流阀设备综合状态评价，均压电容器试验，阀电抗器试验，导电体接头直流电阻测试等。

▶ 669. 鲁西柔直联接变压器本体有哪些检修项目？

鲁西柔直联接变压器本体的检修项目包括：油温检查、油位检查、渗漏油及密封检查、铁心接地检查、异声、振动检查、外壳防腐、生锈检查、压力释放阀检查、呼吸器检查、外壳清扫、油位计检修、温度计检修、气体继电器检修、油流继电器检修、突发压力继电器检修、油箱清洗、绕组及引线装置检修、铁心、铁心紧固件检修等。

▶ 670. 鲁西柔直联接变压器套管有哪些检修项目？

鲁西柔直联接变压器套管的检修项目包括：套管温升检查、油位检查、外绝缘检查及表面清洗、套管接头、均压环及金属附件检查及处理、油纸电容型套管检修更换、纯瓷充油套管检修更换、升高座检修更换等。

▶ 671. 鲁西柔直联接变压器有载分接开关有哪些检修项目？

鲁西柔直联接变压器有载分接开关的检修项目包括：油位检查、密封检查、呼吸器检查、在线滤油装置检查、操作机构检查、压力释放阀检查、计数器检查、在线滤油机滤芯更换、器身检查等。

▶ 672. 鲁西柔直联接冷却装置有哪些检修项目？

鲁西柔直联接冷却装置的检修项目包括：散热器检查、渗漏检查、噪声及振动检查、风机检查、紧固联结部件检查及处理、冷却装置清洁、负压检查、散热器拆卸安装及更换、强油风冷却拆卸安装及更换、强油水冷却拆卸安装及更换、风机拆卸安装及更换等。

673. 鲁西柔直联接变压器端子箱、控制箱有哪些检修和试验项目？

鲁西柔直联接变压器端子箱、控制箱的检修项目包括：箱体密封性检查、箱体外观检查、端子检查、电气元件检查。

试验项目包括：红外热像检测，紫外成像检测，局部放电检测，铁心接地电流检测，油中溶解气体分析，绝缘溶解气体分析，绝缘油试验；绕组连同套管绝缘电阻、吸收比和极化指数测量、绕组连同套管的介质损耗和电容量测量，套管的绝缘电阻和介质损耗、电容量测量，绕组连同套管的泄漏电流测试，铁心、夹件对地绝缘电阻测试，以上均为例行试验；绕组低电压短路阻抗测试、绕组频率响应试验、绕组变比及接线组别测试、有载分接开关试验、绕组连同套管耐压试验、绕组连同套管局部放电试验、感应耐压及局部放电试验等，以上为诊断试验。

674. 鲁西柔直电流测量装置有哪些检修和试验项目？

鲁西柔直电流测量装置的检修项目包括：设备外观检查及处理，一、二次连接线检查，各部位接地情况检查，接线盒检查，系统监测数据检查，合并单元装置检修，光纤通道检修，合并单元接口板卡检修，一次转换器检修等。

试验项目包括：激光功率或电流测量，光纤系统的衰减测量，直流耐压试验，绝缘电阻测量，极性检查，准确度测量。

675. 鲁西柔直电压测量装置有哪些检修和试验项目？

鲁西柔直电压测量装置的检修项目包括：外观检查，密封性能检查，合并单元检查（如果有）等。试验项目包括：分压电阻及电容值测量，直流耐压试验，电压限幅元件校验，微水试验，直流分压比试验，气体密度表（继电器）校验，隔离放大器校准（如果有）等。

676. 鲁西柔直桥臂电抗器有哪些检修和试验项目？

鲁西柔直桥臂电抗器的检修项目包括：外观检查，声响及振动检查。试验项目包括：红外热像检测，绕组电阻测量，电感量测量等。

677. 鲁西柔直起动电阻器有哪些检修和试验项目？

鲁西柔直起动电阻器检修项目包括：外观例行检查及处理，各连接部位检查及紧固处理，电阻片及引出端上的污染灰尘清扫，更换支柱绝缘子，更换电阻片，更换电阻器模块。

试验项目包括：红外热像检测，直流电阻值测量，绝缘电阻测量，工频耐压试验。

▶ 678. 鲁西柔直避雷器有哪些试验项目？

鲁西柔直避雷器的试验项目包括：红外热像检测，运行中持续电流检测，直流参考电流下的电压及 0.75 倍参考电压下的泄漏电流，底座绝缘电阻，放电计数器功能检查，工频参考电流下的工频参考电压，均压电容的电容量等。